건강주택

21세기 미래주택기획을 위한 전략적 신사고

이연숙 · 이성미 지음

연세대학교 출판부

건강주택
21세기 미래주택기획을 위한 전략적 신사고

지은이 | 이연숙 · 이성미
펴낸곳 | 연세대학교 출판부
주 관 | 연세대학교 밀레니엄환경디자인연구소

주 소 | 서울특별시 서대문구 신촌동 134
전 화 | 02-392-6201, 2123-3380~2
팩 스 | 02-393-1421
e-mail | ysup@yonsei.ac.kr
http://www.yonsei.ac.kr/press
등 록 | 1955년 10월 13일, 제 9-60 호
판권소유 | 이연숙
2006년 11월 20일 1판 1쇄
인 쇄 | (주)동국문화

ISBN 89-7141-758-7(03630)

값 22,000원

Contents

머리말

건강이라는 주제는 오늘날 우리 모두에게 공통적이며 일상적인 화두가 되었다. 디자인이라는 주제도 인위적 창조물에 둘러싸여 살고 있는 현대사회에서 너무나 자연스럽고 친밀한 상식적 화두가 되었다. 이 둘의 역사 또한 각각 거슬러 보면 인류의 역사가 시작되었던 때까지 올라간다. 그러나 이 둘을 묶어 보다 전문적 영역으로 성장시키고자 하는 역사의 시작은 바로 오늘의 현대이다.

90년대 선진국에서 각종 공해가 만연하고 인구 노령화가 진전되는 위협의 인식과 함께 Healthcare환경에 대한 관심이 시작되어 온 이래, 실제 이 분야가 급성장해 왔으며, 미래 발전속도는 더욱 빠르게 진전되리라 예상되고 있다. 이것은 문화와 지역차이를 막론하고 건강이 모두에게 중요하며, 건강을 다루어 온 다양한 전문분야들에 상당한 지식이 축적되어 있는 것과 무관하지 않다.

그러나 Design & Health 는 Healthcare환경에만 국한되는 것이 아니라 모든 거시적, 미시적 그리고 총체적, 부분적 환경과 사물의 창조에 연계되는 보다 광범위한 포괄성을 지닌다. 디자인의 궁극적 목적이 삶의 질을 향상시키는 것이고 이 삶의 질이 곧 신체적/정신적/사회적 건강으로 이어지는 현대사회에서 디자인과 건강을 묶어내는 작업은 우리 학계의 시대적 사명이라고 생각한다.

미래건강주택은 우리가 맞은 21세기의 일반시민과 의료인들 모두의 화두이다. 이제 의료인들의 서비스는 일반인의 가정까지 스며들어가 가족 모두의 건강을 보살피는 개념으로 발전되고 있다. 지난 세기 의료계는 현대화된 병원 시스템을 개발하고 이를 완성시켜 국민의 건강을 지켜올 수 있었다. 그러나 최근 우리사회는 생산문화에서 소비문화로, 일방향문화에서 양방향문화로, 일원적/이원적 문화에서 다원적 문화권으로 발달해 오면서 각종 전문인과 전문적 기능공간에 일대 변화를 초래하고 있다. 이에 따라 점차 의사만이 아닌 다양한 국민들이 의사의 도움을 받아 건강을 관리하는 공동주체로 참여하고, 병원 등이 그 중심적 역할을 담당하면서 그 기능이 확장되어 도시사회 환경전체가 건강관리를 위한 장에 참여하도록 발전해 나가고 있다. 이들 중 가장 큰 비중을 차지하는 주체가 거주자와 가족이 될 것이며, 가장 큰 건강관리의 장이 바로 이들 가족이 사는 주택이 될 것이다.

이러한 변화는 이미 디지털 기술의 영향을 받기도 하였지만, 계속되는 정보통신 기술의 발전과 함께 원격의료 정보시스템을 일반화시키며 원격진료 서비스의 보편화를 초래할 것이다. 이미 디지털 사회 발전의 영향은 이동전화만으로도 우리 모두가 그 빠른 확산을 경험해왔듯이 의료부분 변화 역시 일반인의 상상외로 빠르게 이루어지리라 생각한다. 즉, 디지털 사회의 속성은 위와 같은 병원의 경계를 넘어 의료, 건강관리의 장을 일상생활권으로 확대시킬 것이다.

이러한 시대적 변화는 의사들의 모습을, 역동적 환경 속에서 종합적인 건강정보를 관리하며 보다 유연하게 활동하는 모습으로 변화되게 할 것이며, 기존 역할을 조정함과 동시에 새롭고 확장된 전문인의 역할을 수행하게 할 것이다. 이와 동시에 일반시민의 삶에 건강주제가 더욱 보편화되고 전문화되며, 거주자들의 삶을 담는 주택은 거주자의 건강을 보장하고 건강관리를 지속되게 해주는 장으로서 더욱 건강을 다각도로 지원하는 기능성 주택으로 발전해 나가야 할 것이다.

이에 따라 거주자 · 소비자들의 요구를 담아야 하는 주택을 개발하는 건설업체에서는 이를 전략적 개념으로 접근하지 않을 수 없게 되어가고 있다. 그러므로 삶의 질을 대변하는 총체적 건강을 도모하는 주택의 특성을 어떻게 창의적으로 개발하여 제공할 것인가는 주택산업에서는 중요한 과제가 될 수밖에 없다. 주택의「건강성」은 얼핏 보면 다 아는 당연한 국면인 것 같으나 건강을 어떻게 이해하고 또 창의적으로 해결을 모색하는 가에 따라 그 발전의 가능성은 무궁무진하다.

이러한 관점에서「건강주택」을 다각도로 접근할 수 있는 사고의 방법과 그 콘텐츠를 공유하고자 본서를 계획하였다. 즉, 필자가 지난 7년간 주택건설업체들과 산학협력 과제를 수행하면서 프로젝트 때마다 학술적이자 동시에 실천적으로 구상하며 서술해 온 자료들을 모두 모아 더욱 체계적으로 정리하고 또 이러한 생각들을 보다 이해가 쉽도록 외국현장 방문을 통해 수집한 사례들을 부가하여 학계나 산업계와 공유하고자 하는 의도로 본 서를 집필하게 되었다.

본서는 대우건설의 미래주택「건강주택」, 포스코건설의 미래주택 「친환경주택」, 대한의사협회의 지원으로「의료주택」등을 개발하면서, 그리고「디자인과 건강」, 「고령화사회와 미래주택」등 많은 국제학술 심포지움을 개최하면서 발전시켜왔던 생각들을 모두 한곳에 모아 정리한 것이다. 총 6개의 건강주택에 대한 접근 원고를 그 성격에 따라 미래사회의 세 특성을 기준으로 하여 세 개의 부로 구분하고 각 원고에 적절한 제목으로 구상하였다. 이럴 경우 각 원고의 성격이 차별화될 수 있기 때문이었다. 그러나 6개의 원고는 서로 관계가 있어 시간이 흐름에 따라 발전한 것도 있고, 또 하나의 미래형주택 개발 시 여러 측면이 동시 배려된 특성으로 인해 각 장에서 사례로 제시한 개발된 평면이 중복 소개되거나 그 설명관점이 달라진 부분도 있다. 그리고 각 장마다 정보의 내용이 일관적이 아니어서 산학협동체결시 자세한 결과물이 노출될 수 없는 부분의 경우는 보다 개념적 서술부분만이 소개되어 있다. 금번의 본 저서는 이러한 건강주택에 대한 생각들에 늘 함께 동참하고 해외사례들을 수집하고 분석하는 데에도 함께 하여왔던 이성미 연구교수와 공동집필하게 되었다.

본서가 학계와 산업계에 유용하게 활용되기를 바라며, 이 책을 주저없이 출판해 주시기로 한 연세대학교 출판부와 동국문화에 심심한 감사를 표한다.

2006년 11월 20일

이 연숙

제1부
문화감성시대의 건강주택

제1장 삶의 질을 보장하는 공간인프라

제2장 생태계와 함께 호흡하는 보금자리

1 삶의 질을 보장하는 공간인프라

1 들어가면서

우리가 일반적으로 '주택'이라는 단어 앞에 어떤 말을 붙이면 대개 자연스럽게 자동해석되어 이해된다. '노인주택'이면 노인이 거주하는 주택이며, '전원주택'이면 전원에 있는 주택이고, '단독주택'이면 단독세대가 사는 주택이다. 그렇다면 건강주택이란 어떻게 이해될 수 있을까. 그 자체가 건강한 집이 될 수도 있고, 그 안에 사는 가족의 건강을 지원해 주는 기능을 가진 집이 될 수도 있다. 물리적 환경의 건설목적이 사용자의 삶에 유익한 기능을 수행하게 하는 것이므로 후자의 해석이 더 타당해 보인다. 그러나 환경디자인의 목적이 환경의 지원성을 창조하는 것이며 살아있는 생태적 역동성을 부여하여 지속가능한 가치를 지니도록 물리적 환경을 창조하는 것이므로, 후자의 해석은 물론 가족의 건강을 지원하는 주택자체가 곧 살아있는 에너지를 지닌 건강한 주택이라는 해석도 가능하다.

현대 사회인에게 건강은 이제 삶에 위협을 초래하는 불안한 의제로, 그리고 동시에 삶의 질을 증진시키는 치명적 의제로 확산되었다. '아침 드셨어요?'라는 인사보다 '건강하시죠?'라는 인사가, '안녕히 가세요'라는 인사보다 '건강 조심하세요'라는 인사가 만연하게 되었다. 그렇다면 우리 현대인의 건강은 어떠한가. 눈으로 보이는 외형적인 건강과 눈으로 보이지 않는 건강이 있을 터인데, 이것으로 조합된 4가지 건강유형 중 우리는 어떤 유형에 속해 있는 것일까. 실제 현대 도시인들의 수많은 건강에 대한 우려가 어린이, 청소년, 성인여성, 성인남성, 노인인구 상관없이 공통적으로 있어왔으므로 대부분의 이상적인 건강유형 즉, 보이는 차원과 보이지 않는 차원이 모두 건강한 유형에 속하지 못한다고 해도 과언이 아니다.

한편, 다원적이고 절충적이며, 복합문화적 양상으로 변해가는 현대사회에서, 주택은 이제 더 이상 단순한 의식주 기능만이 아니라 복합적 생활기능과 문화를 수용하는 환경으로 변해야 할 필요성에 직면해 있다. 이 새롭게 추가되어야 하는 국면 중 하나가 바로 건강관리 기능 이며, 이는 디지털 사회의 재택근무, 재택교육, 재택여가, 재택구매 등과 같이 원격재택 진료 및 상담을 통해 더욱 빠르게 주거의 기능으로 부가될 것이다. 건강지원이 주택에 내재해야 하는 주요기능으로 부각된다는 것은 단순히 공간구성과 가구배치의 차원이 아닌 모든 부분부분에 관련되는 것으로, 크고 작은 부분들 모두를 총체적으로 건강지향형이 되도록 대수술을 해야 한다는 필요성을 의미하기도 한다.

모든 생활인의 삶의 세팅이 되어온 주택의 성격이 건강 의제를 적극 수용하고 이를 위해 그 기능적 지원성이 다각도로 보완된다면, 이것의 효과는 개개 가족의 건강증진은 물론 복지사회를 구현하는데 크게 기여하는 중요한 말초신경적 공간 인프라가 될 것이라고 예측하는 것은 어렵지 않을 것이다.

그렇다면 건강이란 무엇인가. 건강이란 세계보건기구(World Health Organization)의 정의 "Health is a state of complete physical, mental and social well-being, and not merely the absence of disease or infirmity"에서와 같이 단지 질병이나 허약함이 없을 뿐 아니라 신체적 · 정신적 · 사회적 · 정서적 · 영적 안녕상태 및 이 여러 차원의 유기적 영향력을 전제로 한 포괄적 · 총체적 개념이다.

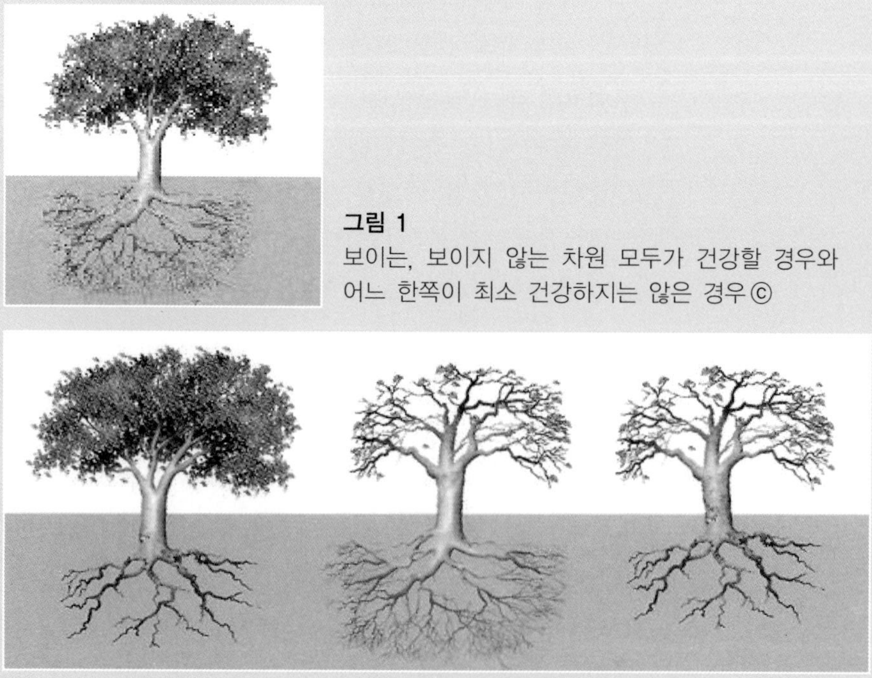

그림 1
보이는, 보이지 않는 차원 모두가 건강할 경우와 어느 한쪽이 최소 건강하지는 않은 경우ⓒ

우선 주택이 이러한 다차원적인 건강을 민감하게 지원하기 위해 건강의 제차원과 이에 연계되는 주택의 특성을 정리해 볼 필요가 있다.

건강의 제 차원은 학문분야와 상황에 따라 다양하게 언급되고 있으나 크게 다음의 세가지 군으로 분류할 수 있다.

첫째, 신체적/생리적(Physical / Physiological) 건강으로서 이는 신체의 형태적, 기능적 요소의 보다 tangible한 구체적이며 실체적인 차원이다. 이를 지원하는 주택은 신체적 생리적 기능에 위험이 없게 하며, 이것이 원활히 수행될 수 있게 지원해 줄 수 있는 특성을 지녀야 할 것이다. 즉, 신체적으로 넘어지거나 다칠 수 있고 피로감을 유발할 수 있는 외형적 요소를 방지하고, 소음과 공기 오염, 열악한 채광 조건 등 생리적 위해한 자극을 제거하는 특성에서부터, 신체적 발달을 촉진하고 생리적 쾌적함을 증진시키는 기회를 부여하는 특성에 이르기까지 다양한 특성을 지니게 해야 할 것이다.

둘째,정신적/정서적/영적/심리적(Mental / Emotional / Spiritual / Psychological)건강으로서 인간의 정신과 마음에 관한 intangible한 추상적 차원이다. 이를 지원하는 주택은 정신적 심리적 상태에 불안정한 긴장감이 없게 하며 정신적 심리적 기능이 원활히 수행될 수 있게 지원해 줄 수 있는 특성을 지녀야 할 것이다. 즉, 스트레스, 불안감, 모호함, 우울함, 삭막한 감정을 일으키지 않는 특성에서부터 감성을 고양시키고 심리적 정신적 안정성과 평온을 증진시키는 기회를 부여하는 특성에 이르기까지 다양한 특성을 지니게 해야 할 것이다.

셋째, 사회심리적/사회적(Psycho-social/Social)건강으로서의 인간이 사회적 생활을 하면서 인간과 인간, 그리고 인간과 사회가 서로 반응하는 상호작용 차원이다. 이를 지원하는 주택은 가족간 사회 심리적 차원에서 문제나 긴장이 발생되지 않게 하며, 가족 관계 및 사회에 불필요한 문제를 일어나지 않게 하거나 경감시킬 수 있도록 완충 작용 역할을 해 주는 특성을 지녀야 할 것이다. 즉, 가족 구성원간의 사회적 관계를 긴장시키지 않고 프라이버시를 최소한 지킬 수 있도록 해 주는 특성에서부터, 가족 구성원간의 관계를 개선 혹은 증진시키고 보다 안정감 있는 발전을 하도록 적절한 프라이버시를 누릴 수 있으며 동시에 적절한 상호 작용을 고무시키고 유도하는 기회의 잠재성을 지니게 해야 할 것이다.

우리는 과연 건강한 집에 살고 있는가. 과연 우리는 우리의 건강을 지켜주고 증진시켜주는 집에서 살고 있는가. 주택은 공간 구성학적 즉, 존재여부 · 위치 · 배치 · 동선 · 시설계획에서, 음 · 열 · 빛 환경계획을 거쳐, 조명 · 배선 · 재료 · 실내조경 · 색채 · 가구 · 기기 등 제반 요소계획에 이르기까지, 크게는 집 전체, 작게는 침실 · 거실 · 욕실/화장실 · 부엌 · 가족실 · 서재 등 모든 개개 공간이 어떻게 창조되느냐에 따라 우리 인간의 건강에 적지 않은 영향을 미친다.

2 기존주택의 문제점

본 장에서는 건강주택을 제안하기 전에 기존주택에서 발견되는 몇 가지 주요 문제점들을 건강과 연계시켜 서술하고자 한다. 기존 주택으로는 현대 우리사회 주거규범이 되고 있는 아파트를 중심으로 서술하고자 한다.

첫째, 오늘날 우리의 아파트는 함께 사는 생활문화가 원활하게 이루어지지 못하게 하는 문화적 정체성 / 사회적 건강성에 문제가 있다.

- 세대간 별거 성향이 압도적이거나 주택간 공간적 거리 규범이 큰 서구사회와 달리, 동거성향이 상대적으로 크고 주택간 공간 거리 규범이 작은 우리 사회에서는 우리 문화권에 맞는 사회적 건강성을 지킴으로서 가족간 사회적 관계를 증진 시키고 가족관계 문제로 인해 야기되는 사회적 문제가 경감되게 할 수 있다.
- 떨어져 삶으로의 불안하거나 불편한 기혼 자녀 세대와 노인부모 세대가 프라이버시를 지키며 함께 살 수 있는 마땅한 대안이 없다.
- 비상시 지켜 줄 사람이 없거나 외로운 노인 세대가 혈연, 비혈연 가구와 안전감을 느끼며 살 수 있는 대안이 없다.
- 결혼연령이 점점 늦어지는 현대 사회에서 성인이 된 자녀와 보다 자유로운 삶을 함께 살 수 있는 대안이 없다.
- 동거하고 있는 삼대 가족의 생활 스트레스를 완화시켜 줄 수 있는 공

간이 필요하다.

- 생애 주기에 따른 다양한 가족 구성과 생활 특성에 적합한 공간 구성을 할 수 있는 가능한 대안 모색이 필요하다.

둘째, 오늘날 우리의 아파트는 다원화, 인구고령화 그리고 정보화 되어가는 현대사회의 특성을 제대로 수용해 주지 못하는 획일성/고정성을 지니고 있어 새로운 문화에 적응력이 떨어지고 가족의 제반건강을 지켜주지 못하고 있다.

- 디지털 정보 통신 발전으로 우리 삶이 이루어지는 공간이 급격한 변화를 겪고 있으며 이로 인한 재택 근무 경향을 기존 주택에서 원활히 수용할 수 있게 함으로써 주택이 사회적 인프라로 기능을 할 수 있게 해야 한다.
- 병원의 장기 입원 성향이 가족과 주택을 중시하는 단기입원 성향으로 바뀜에 따라 환자 발생시 이를 기능적으로 수용하고 다른 가족 구성원들의 생활 스트레스를 초래하지 않도록 하는 공간 구성이 가능하다.
- 세계적인 인구 고령화 현상에 따른 선진국들의 시행 착오 경험에서 노인 인구를 위한 최적의 생활 공간이 '일반 주택(AGING IN PLACE)'이라는 합의점이 형성되고 있는 시점에서, 노인의 생애 주기 변화에 따른 노화 현상을 무난히 수용하고 안전하게 살 수 있게 해 줌으로써 문화적 정체성을 구축하고 노인 문제가 사회화되는 경향을 경감시킴으로써 사회적 건강성을 지니게 할 필요가 있다.
- 고도로 다원화, 복합화 되어가는 사회에서 이질적 특성을 동시에, 병행해서 만족시켜야 함으로써 갈등을 초래하고 있는 현재의 고정된/획일화된 아파트의 한계를 무너뜨리고 가변성을 부여하고 다양성을 허용하는 주택이 필요하다.

셋째, 지구 생태계 위기 의식이 세계화와 더불어 모든 국가의 당면 과제로 등장해 왔으며 생태계 위협을 초래하는 에너지 고갈문제의 50%가 건설부문에서 발생하고 있다는 사실과 한국의 급격한 건설 성장 및 방법은 우리 사회뿐 아니라 세계에 대한 사회적 책임감을 느껴야 하는 상황을 낳고 있다.

- 건축 구조물의 수명을 연장시키면서 거주자의 요구를 다양하게 수용하

게 함으로써 지구 생태계에 도움이 되게 되어있는 사회적 건강성을 지닌 SUPPORT/INFILL식 주택 개발이 필요하다.

- 배관 등 구조적 설비적 부분들을 가변적으로 허용하는 네덜란드SAR PROJECT와 일본 NEXT21 과제와 달리 개조시 쓰레기 발생이 일어나지 않도록 철거, 추가 부분을 최소화 하는 문화적접근을 한 한국형 가변형 주택을 개발할 필요가 있다.
- 현재 우리나라 아파트 시장에서 등장하고 있는 일부 고급 주문형 주택과 실제 소비자측에서 성행하는 개조 상황시 발생하는 폐자원의 낭비를 줄이는 방법이 모색되어야 한다.

넷째, 오늘날 우리의 아파트는 수납 공간의 부족, 부적절한 위치, 내부 체계상의 문제등 제반 계획상의 문제로 주부들의 가사 작업을 불편하게하고 에너지 소모와 피로감을 유발하고 있으며, 주부들이 주거 공간에서 심리적 편안함과 미학적 즐거움, 정 서적 풍요로움을 추구하게 하는 데 문제를 지니고 있다. 또한, 가족 구성원간 자율성을 증진시키지 못하고 주부에의 의존성을 강화 함으로써 보다 협력적인 가족관계 도모에 기여하지 못하고 있다.

- 붙박이 장이 있는 곳에 그 공간면적에 따라 물건을 놓게 됨으로써 생활재와 공간이 적절히 대응되지 못하고 있다.
- 기능이 있는 곳이 아닌 붙박이 장이 있는 곳에 생활재를 보관하게 되어 사용 때마다 이동해야 하는 불편이 있다.
- 적절한 수납이 제대로 제공되지 못함으로써 창고에 누적되어, 더욱 사용을 불편하게 하고 있다.
- 잘 정돈 되지 못해 노출되어 있는 수많은 생활재는 단정하게 정리된 느낌을 주지 못하여 갑작스런 손님들에 당황하게도 한다.
- 수납공간의 부족으로 생활재 창고가 되어지는 발코니는 주부들에게 정서적 느낌을 주는 공간이 되지 못하고 있다.
- 비노출될 물건, 노출될 물건이 적절히 가려져서 수납되지 못함으로써 미학적 공간이 연출되지 못한다.
- 비효율적인 수납은 생활재 위치 인지력을 떨어뜨려 모두 주부에게 물어야 하는 상황을 초래하고 있다.
- 자녀들의 물건이 이들에게 적합한 높이와 위치 그리고 방법으로 계획되

어 있지 않음으로써 어른들에게 정리정돈을 하게 하고 있다.

- 사용자와 생활기능 별 수납을 가능하게 하여 주거공간 인지력을 증진시켜 줌으로써 불필요한 사회적 접촉관계를 경감시킬 수 있다.

다섯째, 오늘날의 아파트는 콘크리트 박스 안의 내부 생활만 강요하고 있으며 거주자의 움직임을 자극하고 허용하는 계획이 결여되어 있다. 이를 거주자의 신체적, 심리적 건강을 위축시킨다.

- 거주자들의 생활이 내부공간에서 대부분 영위되게 하고 이로 인해 발코니는 닫혀 있거나 아니면 개조하여 내부 공간으로 확장해서 사용하고 있다.
- 아파트의 창문은 대개 닫혀 있기가 쉽게 되어 있다. 열고 닫는 자유로운 기능은 최대로 융통성 있게 발휘 할 수 있게 되어 있지 않다.
- 일단 거주자가 아파트로 들어오면 움직이는 활동을 하는데 제약이 있고 그것이 당연하게 받아들여 짐으로써 신체적 건강성을 경감시킨다.
- 옥외 환경 접촉이 필요한 어린 자녀들에게 발달을 촉진하는 공간 가능성을 줄이고 자연으로부터 받을 수 있는 감성적 기회를 제공해 주지 못하고 있다.
- 사회 생활이 제약된 노인들에게 반 옥외생활의 가능성을 줄이고 밀폐된 생활을 강요하고 있으며 시간과 자연의 변화는 물론 사회를 관찰하는 기회를 막고 있다.
- 경증 치매 노인과 같은 특수 상황 발생시 배회 통로가 없음으로써 가족간 긴장 및 갈등을 더욱 초래하고 있다.

여섯째, 오늘날의 아파트는 자연 공기의 순환, 채광 효과, 조망 효과를 최대화하는데 문제가 있으며 콘크리트물과 자연사이 필요한 정도만 가까스로 제공한 듯하며 옥외 환경과의 교류를 유기적으로 장려하고 있지 않다. 이로 인해 거주자의 신체적 건강유지에 문제를 초래한다.

- 아파트의 창은 방범과 안전을 위해 거의 밀폐되어 있는 듯하다.
- 아파트 위치와 층에 따라 조경/조망이 있을 뿐 층에 상관없이 자연 조경의 기회가 나름대로 충분히 제공되지 못하고 있다.
- 창문이 있어도 조경과 옥외 변화를 충분히 느끼고 즐길 만큼 그것을 허용하는 방법으로 제공되어 있지 못하다.

- 낮 동안 거주하게 되는 생활시간이 줄어듦에 따라 조망, 채광 효과에 대해 무감각해 질 수 있게 되어 있음으로써 생리적 건강에 중요한 국면이 간과 될 수 있다.
- 에너지 절약 문제로 문과 창이 더욱 닫혀지는 것이 최소한 당연하다는 잘못된 인식이 형성될 수 있다.

일곱째, 기존 아파트의 구조는 다양한 가구배치를 허용하고 있지 않고 가구로 채워져 생활 활동하는데 한계를 지니고 있다. 또한, 가족 구성원이 생기고 커감에 따라 생기는 방의 개수와 크기 등의 요구 변화를 수용해 주지 못함으로서 불필요한 주거이동 요구와 현상을 초래한다.

- 생활재가 수직적으로 보관되게 하여 바닥 면적을 증진시킬 필요가 있다.
- 기존 평면 형태가 허용하는 가구배치는 한계가 있고 대개 이상적으로 놓여지는데 문제가 있어 사용자에 따라 배치를 다르게 허용하고 또 이상적으로 놓이도록 평면구조가 보다 포용력 있게 변할 필요가 있다.
- 가족 구성원의 생활 행위 요구가 커져가고 다양해져 가는데 이 변화를 수용할 공간 면적이 충분치 않다.
- 기존 평면은 휴식과 창의성을 자극하고 고무하기는 공간적 다양성이 결여되어 있다. 태양에 노출되고 깊숙이 숨어있고, 작고 크며, 길고 사각지며 하는 등의 공간적 경험을 제공하는 다양성이 없다.
- 어린 자녀의 수, 연령의 차이, 성별차이, 관심의 차이등에 따라 유동적으로 변화시킬 수 있는 가능성이 없다.
- 사용자의 복합적이며 그러나 연계성이 있어야 하는 공간기능에 따라 구분하고 또 통합할 수 있는 가능성이 있는 여지가 결여되어 있다.
- 어린 자녀 양육시 함께 관리해야 하는 수납공간의 요구가 많은데도 이를 통합 운영,관리할 수 있는 공간형성의 가능성이 부재해 있다.

여덟째, 기존 아파트 침실은 공간적으로 시각적으로 확장하는 데 제약이 있으며, 시대적 변화에 따라 생기는 새로운 요구 및 이로 인해 생기는 긴장과 갈등을 줄일 수 있는 융통성 있는 공간을 지니고 있지않다.

- 기존 아파트 침실의 확장 가능성은 발코니 면한 곳을 트느냐에 달려 있다.

- 기존 아파트 침실 확장 방법에서 x축 확장을 허용함으로써 크기 형태 등을 보다 역동적으로 변화시킬 수 있는 가능성이 확보된다.
- 기존 아파트의 창과 문을 바라보는 데 vista 효과를 기대하기 어렵다.
- 침실이 개인 침실로만 구분되어 있어 다른 공간과 연계성 있게 풀어야 하는 상황에 대처할 수 없다.
- 특히 자율성의 증진과 부모보호의 양면성을 지니는 생활 부분에서는 이중 선택을 강요하고 있어 이 경우 딜레마로 가족의 긴장과 스트레스를 자아낼 수 있다.
- 다양한 문화가 동시다발적으로 복합적으로 존재하게 되는 현대사회 속성에 원화히 대처할 수 있는 가능성이 적다.

아홉째, 오늘날 아파트는 복도공간으로 인해 낭비 되는 생활 공간이 적지 않고 이를 역으로 기능적으로 시각적으로 정서적으로 활용되는 경우가 없어 복도공간의 개념이 양성화 되어 있지 못하다. 특히, 작은 규모의 아파트에서 복도는 큰 낭비를 하게 하는 요소이므로 공간의 시각적 확장감을 증대시킬 뿐 아니라 기능적으로도 효용성이 크게 활용하는 방안을 모색할 필요가 있다.

- 복도가 각 공간을 접근하는데 이로 인해 공간사용상 제약을 남고 있다.
- 복도가 기능적으로 그 역할을 다하여 시각적으로 인접공간의 이미지를 증진시키는 데 적극적으로 활용될 필요가 있다.
- 복도가 인접공간의 기능을 보완하는 데 적극적으로 활용되지 못함으로써 필요악이라 개념으로 인지 되어있다.
- 복도가 통합적으로 모여 시각적, 기능적 효용도가 높게 사용되어야 한다.
- 작은 규모의 아파트에서는 특히 복도로 인해 공간적 손실과 가구배치가 불가능한 제약을 받는 것을 흔히 볼 수 있다.
- 복도를 공간적 제약을 극복하는 효율적인 수단으로 적극적인 활용을 해야 할 필요성이 있다.
- 복도는 한국문화적 맥락이나 공간의 부유감을 상승시키는데 적합한 요소이다.
- 복도는 접근이 필요한 붙박이 장이나 가구와 면해있으면 통로기능과 더불어 공간 사용 기능이 부가되므로 효율적인 활용을 할 수 있다.

열번째, 오늘날의 아파트 부엌은 옛날에 비해 많이 개방되고 개선되었으나 여전히 한국의 식문화로 인해 닫혀 있게 되고 주부의 역할을 강요하도록 되어있다. 또한, 서구에서 소개된 식기세척기, 건식 식문화 방식 등으로 음식 습식문화인 우리 문화와 갈등을 지니고 있고, 오늘날 아파트 부엌은 작업 중이 아닌 경우에도 심미성을 지니지 못함으로서 정서적 심리적 즐거움을 주지 못한다.

- 냄새와 식기 노출등은 부엌이 시스템 키친으로 발전했으나 여전히 가리고 싶은 공간으로 만들어 ㄱ자형으로 꺾인 곳에 감추어지게 하고 있다.
- 남편과 자녀들의 협조가 늘어 났음에도 이들이 함께 일할 때 도리어 불편을 느끼게 하고 있다.
- 가족들의 사용을 자연스럽게 유도하지 못하고 있으며 주부외에 가장 덜 사용하는 공간이 되 게 하고 있다.
- 시스템키친으로 가족간 상호 작용이 증진된 것은 있으나 여전히 벽을 보며 일하게 되어 있어 시각적 상호 작용을 촉진하는데 한계가 있다.
- 식기 세척기는 신분의 상징물로 응용되는 사례가 허다하며 공간만 차지하고 있는 경우가 많다
- 그러나 음식을 할 때 노출되는, 식사후의 식기들을 처리하는 효율적인 체계가 필요하다.
- 습식문화로 인한 싱크대 면적이 확보되어야 한고 여기에 따라 발생하는 젖은 쓰레기 또 인 접 작업면적의 확보 문제 등이 해결될 필요가 있다.
- 냄새 나는 음식(장조림,김치,된장찌개)은 분리하고 실은 가족을 위해 별도의 레인지와 환기장치가 필요하다.
- 작업을 하면서 즐길 수 있는 조경이 없다.
- 수납면의 구성이 여전히 대량생산의 획일성을 지니고 있다.
- 적절히 가려지고 노출되어 생기는 미학적 균형이 있지 않다.
- 작업용 조명 외에 부엌의 분위기를 증진 시키는 조명을 효율적으로 쓰지 못한다.
- 식당/거실 열려 있을 때 그 미학적 특성을 증진시켜 주도록 통일감과 다양성이 느껴지지 못한다.

열한번째, 오늘날 아파트는 평등과 부의 상징으로 개수와 재료의 변화를 보이고 있을 뿐 욕실이 가족단란과 자연조경을 유입하는 휴식공간으로써 정착되지 못하고 있다. 또한, 욕실에는 자연채광과 통풍이 가장 중요하다는 인식을 하면서도 공간구성 기법상의 한계로 인해 대개 중간 영역에 끼어 배치되는 경우가 허다하다. 더욱이 욕실은 규격화된 치수로 제약되어 있어 환자나 장애상황 발생 시 융통성 있게 대처하지 못함으로써 가족관계를 긴장되고 피로하고 부정적으로 만들어 주며 병원이나 시설로의 이동을 촉진하게 하고 있다.

- 공간 규모가 큰 경우 화려한 연출로 화장하는 느낌을 주고 있으며 부부전용 욕실 부분도 커져가고 있다.
- 공간이 작고 중간일 경우 화장실의 개수가 늘어나나 실제 사용상에는 하나가 우선적으로 집중 사용되는 경우가 허다하다. 특히, 어린 자녀가 있는 가족의 경우 더욱 그러하다.
- 욕실은 생리적 건강에서 심리적 사회적 건강까지도 도모 할 수 있고 미래 전략적 공간 으로써 그 계획에 도약을 할 필요가 있다.
- 욕실을 자연 조경과 근접시키고 자연 채광하는 것은 건강관리나 공간관리 차원에서 효율적이다.
- 욕실은 외부로 노출 될 경우, 프라이버시 문제가 발생하며 이것을 보호할 수 있는 방법이 제안될 필요가 있다.
- 욕실은 물놀이 공간이며 이는 휴식은 물론 어린 자녀에게는 건전하고 창의적 발달을 하게하는 장소임에도 이를 원활히 수용해주지 못하고 있다.
- 가족이나 친지가 간병해야 하는 환자 발생이 이를 가능하게 하지 않아 부속적 작업을 하게 하거나 위험에 따른 불안과 긴장을 하게 한다.
- 노인사고의 80%이상이 주택에서 일어나고, 이중 상당 부분이 욕실에서 발생한다는 사실은 욕실의 무장애 건축 및 특성의 중요성을 이야기한다.
- 어린아이의 목욕 시 어른이 도와주어야 하고 또 가족이 공동으로 목욕하는 상황이 발생함에도 이를 원활하게 가능하게 하는 넓은 면적이 확보되어 있지 못하다.
- 욕실 주변에 필요생활품이 원활히 수납되게 하지 못함으로써 불필요한 동선을 발생시키고 작업시 피로함을 유발하여 심리적 긴장을 더욱 초래한다.

열두번째, 오늘날의 소형아파트는 외부방문객이 왔을 때 이웃의 출입 정도를 통제할 수 있는 묵시적 경계가 없으며 가족들의 프라이버시를 보호해 주기 어렵게 되어있다. 또한, 침실의 크기나 수를 조절하기 어렵게 되어있어 공간적 융통성이 결여됨으로써 많은 가족들의 불필요한 이동을 초래하고 있으며 여기에 거주하게 되는 대상은 이전의 저소득층이 아니라 중산층 신혼시기가 많으며 이들은 공간의 개폐성, 부유감, quality를 요구하는 층으로서 이에 대한 다양성이 제공될 필요가 있다.

- 현관문을 열면 다 드러나보이는 평면이 보편적이다.
- 필요에 따라 열고 닫을 수 있는 수단이 있을 필요가 있다.
- 20평형 대의 아파트에서 침실 2개 3개가 일반적이나 대개 공간의 크기가 제한되어 적절한 가구배치를 하기 어렵다.
- 가족생활주기에 따라 공간적 요구가 다르게 되어 있는데 큰 공간의 필요에 부응하도록 하나로 공간을 트기가 어렵다.
- 작은 침실들이 필요에 따라 크게 합쳐질 수 있는 가능성이 필요하다.
- 공간적 확장감이 극대화될 수 있는 가능성이 필요하다.
- 프라이버시 조절 가능 수단이 제공되어야 한다.
- 작업/재택근무도 수용할 수 있는 기반이 필요하다.

열세번째, 오늘날 아파트 발코니는 수납과 화분 기타 안 쓰는 공간으로 사장되어 있거나 빨래 등을 너는 다용도실 개념으로 정착되어 있다. 최근 아파트 개조가 일어나면서 이 공간도 내부공간으로 활용되기도 하여 옥내외 연결 공간으로서의 기능이 쇠퇴함으로써 내부공간의 면적증대는 가져왔으나 옥외공간으로서의 건강성을 제공하는 역할은 소멸되어 왔다.

- 조경을 적극적으로 활용하여 생리적 건강과 심리적 건강과 사회적 교류가능성을 증진시킬 필요가 있다.
- 도시 공간의 삭막함을 완화하여 새로운 고부가가치 환경으로 개선시킬 필요가 있다.
- 아파트의 획일성을 탈피 시키는 적극적 전략공간으로 활용될 필요가 있다.
- 자연 친화적 생태적 디자인으로 콘크리트 건물환경이 주는 각종 삭막함을 방지 완화 보완하는 기능을 적극적으로 발휘하게 해야 할 필요가 있다.

- 조경은 인간적 삭막함을 치유하고 심리를 다스릴 수 있으며 발전과 정서를 도모하는 중요한 요소로서 이것의 효율적 사용이 회복되어야 한다.

3 건강주택의 사례 개발

1. 개발에 필요한 전제

본 장에서는 건강주택의 실제 사례로서 D주택건설업체를 위해 개발한 미래형 주택 개발 과정을 소개하고자 한다. 이 미래주택의 주된 개념은 미래 고령화되는 인구학적 특성을 감안하여 노인인구를 포함한 모든 거주자들을 위해 개발한 유니버설 건강주택이었다.

우리나라와 같이 노인, 장애인, 환자 등 특정 인구에 대한 부정적인 이미지가 만연하고, 대량생산형 아파트가 주거 규범인 사회에서 이들을 배려하는 주택이 개발보급되기 위해서는 필연적으로 다음의 두 가지 방향으로 진전시켜야 한다.

첫째, 노인주택, 장애인주택, 환자용 주택 등으로 특화시키면 선입견으로 인한 마케팅에 어려움이 발생하기 때문에 불특정 소비자 가족 모두에게 유익하면서도 이들의 생활을 무난히 지원할 수 있게 일반형 주택으로 풀어야 한다.

둘째, 이 주택이 비용이 높아질 경우 그것의 보급에 제약이 있을 수 있으므로 우선 경제적으로 지어질 수 있어야 하며, 개발된 주택이 고부가가치를 지니게 함으로써 주택상품으로서 가치를 높게 지니게 해야 한다.

또한 일반형 건강주택 개발을 위해 50평 대 이상에서 실험적 사례를 제안하기로 하였는데 이에 대한 근거로서는 3가지를 들 수 있다.

첫째, 건강주택에 필요한 조건과 지침이 많고 이들이 보다 창의적으로 실험되기 위해서는 일정 규모 이상에서 시작할 필요가 있기 때문이다. 지난 수십 년간의 아파트 발전과정을 보았을 때, 큰 평면에서 시도되었던 많은 건축디자인 요소들이 작은 평형에도 하향화(trickle-down)되었다. 즉, 평면형 및 계획요소의 하향화 현상은 우리나라 아파트 발전과정에서 실증적으로 나타난 하나의 주요 현상이었다. 이는 대규모 평형에 적용되었던 평면형이나 계획 및 설계 요소가 점차 그보다 적은 규모의 평면에 영향을 미쳐 시간이 흐름에 따라 소규모 평형에 그대로 적용되는 현상을 말한다. 그 구체적 예제로는 동일한 평면유형, 화장실이 2개인 평면유형, 부엌 및 식당의 분리와 분절방식, 그리고 고층계단실형 출입방식 등을 들 수 있다. 이러한 현상에서 느끼듯이, 공간적 여유가 있는 규모에서 창의적 사고와 시행을 해 본 경험은 공간적 여유가 제한된 규모를 위한 응용방법구상에도 도움을 줄 수 있기 때문이다.

둘째, 더욱이 만약 삼대가족이 함께 살 수도 있게 한 주거공간이라면, 현재 2개의 집에 각각 사는 집의 규모를 합해서 생각했을 때 필요이상 큰 집이 아니라는 인식을 할 수 있다. 즉, 36평 대에 사는 자녀가족의 집과 27평 대에 사는 노부모 집을 합했을 때 63평 규모가 될 수 있으며 이로 인해 단일 가족이 살 때와 달리 크기인식에 대한 기준이 획일적일 것이 아니라 차별화 되어야 할 것이다.

셋째, 앞으로 디지털 사회의 영향으로 공간 거리 규범이 변하게 되면 도심지가 아닌 도시 외곽지역 또는 전원으로 주거개발 영역이 넓어질 경우 도심지 집의 같은 비용으로 외곽에 보다 넓은 주택을 소유할 수 있게 되기 때문에 규모에 대한 규범이 20세기 기준과는 달라지리라는 새로운 합리적인 근거를 지니고 있기 때문이다.

2. 건강주택 디자인 전략

주택이 가족 구성원 모두의 신체적, 정신적, 사회적 건강 등의 다차원적 건강을 지원해 줄 수 있도록 하기 위해서는 주택이 지녀야 하는 다국면적인 기능을 이해할 필요가 있으며 이 기능이 미래형 주택을 창조하는 전략적 개념이 될 것이다. 이러한 기능을 크게 일반인들 관점에서 논할 수 있는 기능과, 20세기를 통해 인권회복의 필요성이 제기 되어온 사회적 약자 관점에서 논해져온 기능으로 구분 정리하면 다음과 같다. 우선 전자의 관점에서 모든 현대 도시인은 기대되는 수준에 못 미치는 건강문제를 안고 있다는 전제하에, 첫째 이 기대되는 건강상태의 최저 수준을 유지(Maintaining)하도록 지원해 주는 기능, 둘째 건강상태의 최고 수준을 향해 증진시킴으로써 삶의 질을 향상(Promoting)시킬 수 있도록 지원해 주는 기능이며, 후자의 관점에서는 첫째 심신의 열등한 상태로 인해 장애상황이 발생하지 않도록 하여 일상 생활이 가능(Enabling)하도록 지원해 주는 기능, 둘째 저하되어진 심신상태를 치유(Healing)하여 건강이 회복되도록 지원해 주는 기능이다.

이러한 4가지 각각의 개념은 모두 근본적으로는 치료학적, 재활학적, 예방의학적, 건강증진학적 의미를 포괄하고 있으나 그 기능에 따라 외형적으로 크게 다가오는 의미는 상대적으로 다르다. 즉, '향상'은 건강증진학적 개념이, '유지'는 예방의학적인 개념이, '가능'은 재활학적 개념이, '치유'는 치료학적 개념이 상대적으로 더 부각되는 특성이 있다. 이러한 관계를 보다 쉽게 시각적으로 정리하면 〈그림2〉와 같다.

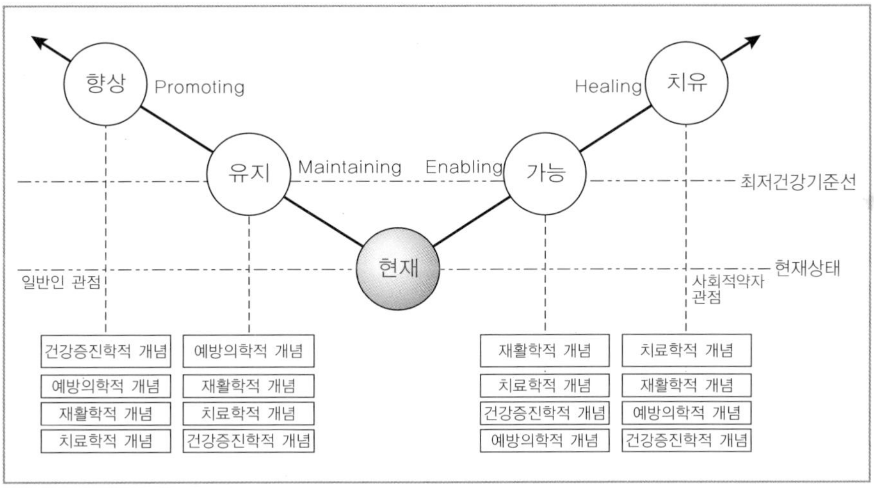

그림 2
건강주택의 기본 4가지 디자인 전략 및 건강 하위 개념ⓒ

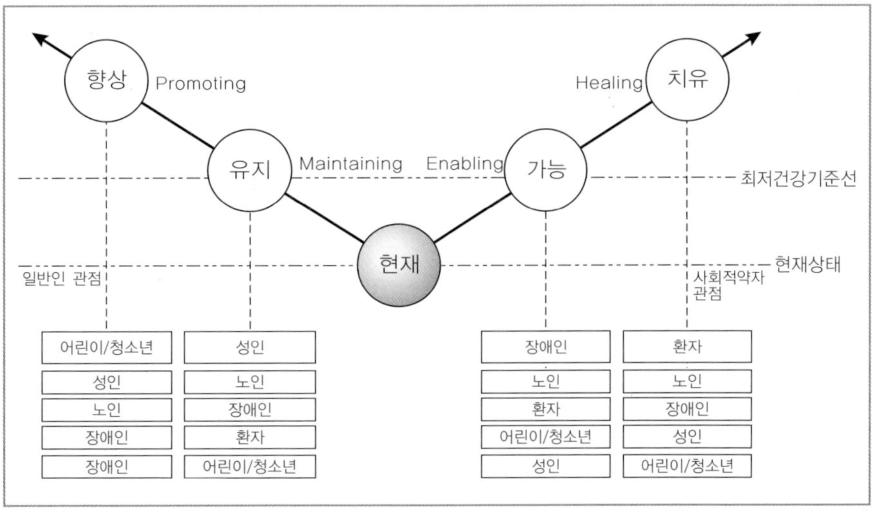

그림 3
사용자에 따라 달리 부각되는 건강 하위 개념ⓒ

또한 이 4가지의 각각의 개념은 어린이, 성인, 장애인, 노인, 환자 등 모든 가족 구성원들에게 다 중요한 의미를 지니고 있으나 이들이 지닌 특성과 상황에 따라 중시되는 국면이 상대적으로 다르다. 즉, 향상은 발달학적으로 성장을 자극해야 하는 어린이에게, 유지는 건강이 무너져 내리는 감을 느끼는 성인에게, 가능은 생활의 장애를 느끼고 있는 장애인에게, 치유는 심신이 쇠약해 있어 안정을 취해야 하는 환자에게 더 중시될 것이다 〈그림 3〉.

3. 건강주택의 다원적 기능

한편, 위와 같은 기능이 갖추어진 주택은 사회의 관심 부문에 따라 다양하게 불릴 수 있으며 그로 인한 해석적 의미도 달라질 수 있으나, 궁극적으로 앞으로의 주택이 지녀야 하는 다국면성을 통합적으로 지니고 있는 미래주택이 될 것이다. 이러한 다국면적인 미래형 주택이 사회적 관심에 따라 불릴 수 있는 명칭과 그 주요의미는 다음과 같다.

- 의료주택 (Medicalcare House)
  건강관리 · 치유활동 등이 환자 · 가족 · 지역의사 등에 의해 원활하게 이루어지고 원격진료진단까지 가능한 주택
- 간호주택 (Homecare House)
  간호 · 간병이 가족 · 간호사 · 간병인을 통해 무리없이 이루어지고 질적 케어를 공급받고 제공하는데 적합한 주택
- 재활주택(Rehab. House)
  잃었던 기능을 회복하고 약화되었던 기능을 강화시키는 과정을 지원하는 주택
- 노인주택(Elderly House)
  노화하는 제반기능을 지원하여 안전하고 편안한 삶을 지속적으로 가능하게 해 주는 주택
- 생애주택(Lifespan House)
  거주자의 생애주기와 가족의 생활주기가 변화하여도 이에 대응하는 적응력이 있는 주택
- 유니버설주택(Universal House)

다양한 사용자의 다면적이고 복합적인 요구를 시간과 상황의 변화에 따라 포용력있게 수용해주는 주택

- 건강주택(Health House)

  건강을 유지시키고 증진시켜주는 공간자원이자 삶의 세팅으로서의 주택

- 가변형주택(Flexible House)

  획일화된 삶을 강요하지 않고 다양한 변형의 가능성과 사용방안을 스스로 지니고 있는 주택

- 미래주택(Future House)

  이상적인 환경 창조를 위한 미래지향적 패러다임이 통합적으로 주체성있게 구현된 주택

광의의 건강주택은 간호 · 재활 기능까지도 수용하고 노화현상을 자연스럽고 안전하게 받아들이게 하며, 인간의 생애변화를 보편적으로 수용하고 건강을 유지하게 해주는 특성을 지니고 있을 뿐 아니라, 20세기 획일적 삶과 기능을 강조해 온 주택의 성격을 벗어나 다양한 적응가능성(adaptability)을 지니게 하는 유니버설 디자인 성격과 가변적 성향을 지니며 건강이라는 주체적 기능을 담아내야 하는 미래지향적 주택이라 할 수 있다.

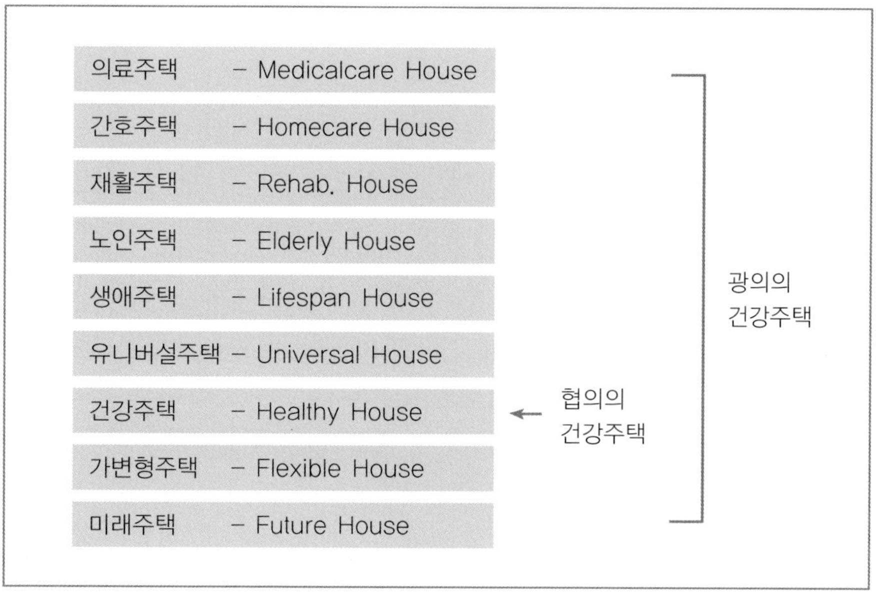

그림 4
건강주택의 다차원적 특성ⓒ

건강주택이란 건강을 관리하고 질병과 사고예방을 지원하며, 질병에 대한 원격 상담과 진료를 가능하게 하고, 치유가 일어나는 세팅의 역할뿐 아니라 치유의 기능까지도 지니는 21세기 새로운 일반 주택을 지칭한다. 이 기능적 혜택을 누리는 대상은 환자뿐 아니라 모든 가족 구성원들이 될 것이다.

광범위한 건강관련 케어기능을 대개 건강관리 · 질병과 사고예방 · 진료 · 간병 · 치유 등 5가지로 나누어 보았을 때 모든 국면이 일반 가족과 환자 모두에게 해당하는 것이며 일반 가족인가, 환자인가에 따라 그 비중이 다를 뿐이다. 사실 현대 도시 사회에서 모든 사람이 건강에 문제가 있다는 관점에서 보면 모두 환자라 여겨도 과언이 아닐 것이다. 이렇게 보면 일반 정상 가족구성원과 환자를 구분할 필요가 없으나 여기서는 관례적으로 협의의 환자를 지칭하여 본 고를 풀어 나가고자 한다.

결국, 건강주택은 일상적인 건강관리를 하게 하며 가족을 사고로부터 안전하게 보호하고, 환자가 발생하였을 경우 환자를 돌보고 환자의 치유와 안정을 도모하는 것은 물론 환자 가족에게도 스트레스 발생을 최소화하며 가족관계를 깨뜨리지 않고 다른 가족 구성원들의 삶을 최대한 보장해 줄 수 있는 주택이라 할 수 있다. 또한, 과거 병원에서만 받게 되던 진료 서비스가 원격통신기술로 인해 집에서도 진료 받을 수 있게 된 주택이란 의미까지도 포함하는 것이다. 이러한 내용을 간략히 표현하면 〈그림 5〉와 같다.

이 주택에서는 의료기관과의 의료정보교류가 일반가족 · 환자 · 환자가족 · 간병인 · 방문간호사 · 지역의사 등을 통해 일어날 수 있으며, 무엇보다 디지털 정보기술로 원격 커뮤니케이션이 보다 활성화됨으로써 이러한 원격교류가 빠르게 수용될 것이다. 이의 확산은 필연적 현상이며 단지 얼마나 빠르게 확산될 것인가에 대한 의제가 남겨져 있을 뿐이다. 이동통신

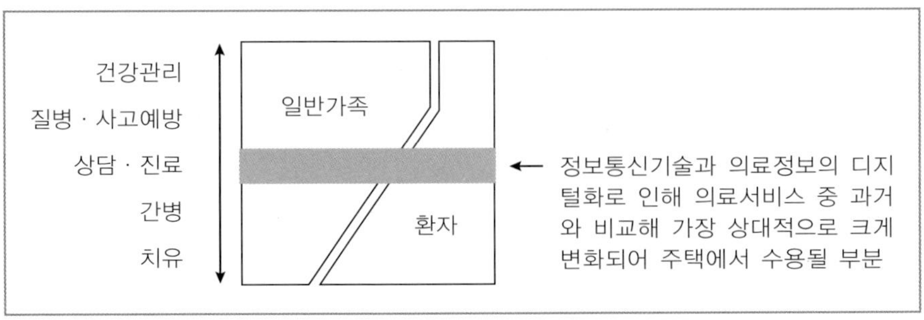

그림 5
의료주택의 기능ⓒ

발달로 이동전화가 급속히 우리사회 누구에게나 파급되어온 속도를 인지한다면, 원격상담 진료서비스 또한 대중화 되는 근미래를 예측하는 것은 지극히 쉬운 일이다. 즉, 의료분야와 주거분야가 각각 건강을 주의제로 향해 확대되어 서로 접근하고 있으며, 디지털 정보 기술은 이의 접근속도를 더욱 촉진하고 있다는 것이다 〈그림 6〉.

이 주택은 환자 및 환자가족이 병원과 직접 연결하여 상담 진료 받을 수 있으며 간병인, 간호사, 지역의사 등을 통해 삼자간 연결하여 상담진료를 받을 수도 있다. 또한, 환자의 치료를 위한 의사, 간호사 등의 방문객뿐 아니라 지역사회 서비스 요원이나 종교적 단체, 친지 등의 방문객 등을, 같이 거주하는 가족들의 생활 스트레스와 부담을 초래하지 않고 또 환자가 동거가족의 눈치를 보는 심리적 스트레스를 경감시켜주며 받을 수 있게 되어 있어, 가족에게 부담주지 않으면서도 환자의 사회적 위로 통로를 지속적으로 열어놓게 할 수 있다. 한편, 환자가 발생하였을 경우 직 · 간접적으로 간병에 연루되어 육체적, 정신적 부담을 느끼게 되는 가족들의 스트레스를 경감시켜 줄 수 있도록 보다 용이하고 안전하게 환자를 돌볼 수 있는 장애없는(Barrier free) 건축적 특성을 지니고 있다.

또한, 이 주택은 환자의 치유를 돕도록 치료 환경이 되기 위해서 지녀야 하는 다음과 같은 기본 조건을 만족시킬 것이다. 첫째 자신에 대한 긍정적인 인식을 고무시키고 둘째 자연, 문화 그리고 사람들과의 관계를 증진시키며, 셋째 프라이버시를 지킬 수 있게 하며, 넷째 신체적 위험과 위협이 되는 요소가 없게 하며, 다섯째 의미 있고 다양한 자극을 제공하고, 여섯째

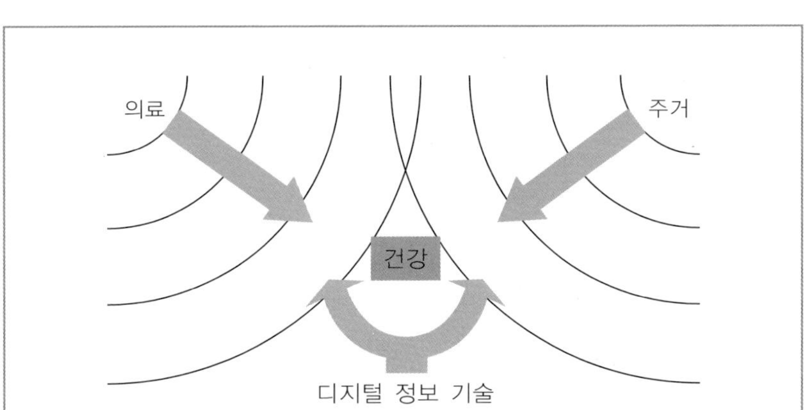

그림 6
의료와 주거의 핵심개념으로서의 건강과 그 연계의 촉매 역할을 하는 디지털 정보기술ⓒ

휴식을 취할 수 있는 가능성을 증진시키며, 일곱째 환경과 보다 생산적으로 상호 작용할 수 있는 기회를 제공하고, 여덟째 일관성과 융통성을 동시에 그리고 균형 있게 지니게 하며, 아홉째 아름다울 것이다.

이러한 이해 기반 위에 사용되어진 건강주택 디자인의 개념적 틀은 〈그림 7〉과 같다.

건강주택이란 신체적 건강, 정신적 건강, 사회적 건강 모두를 포괄하는 건강성을 도모하는 주택으로서 일반인들의 건강을 유지하고 향상시키는 기능을 지니고 있을 뿐 아니라 장애인이나 환자들 같은 사회적 약자들의 삶을 정상적으로 가능하게 해주고 치유해 주는 기능을 지니고 있는 주택이다.

이러한 건강의 다차원과 디자인의 4가지 전략적 개념은 주택의 제반 특성에 연계되어 있으며, 주택의 디자인 국면을 건축부문, 실내공간부문, 실내요소부문으로 나누어 보았을 때 이들 대부분에 상호 연관되어 있다. 특히, 건축부문과 일부 실내공간부문은 공급주체인 주택건설 업체에서 제공하며 일부 실내공간부문과 실내요소는 소비주체인 거주자들이 완성하게 되는 경우가 많아, 건강을 증진시키는 주택의 성공은 공급자측과 소비자측

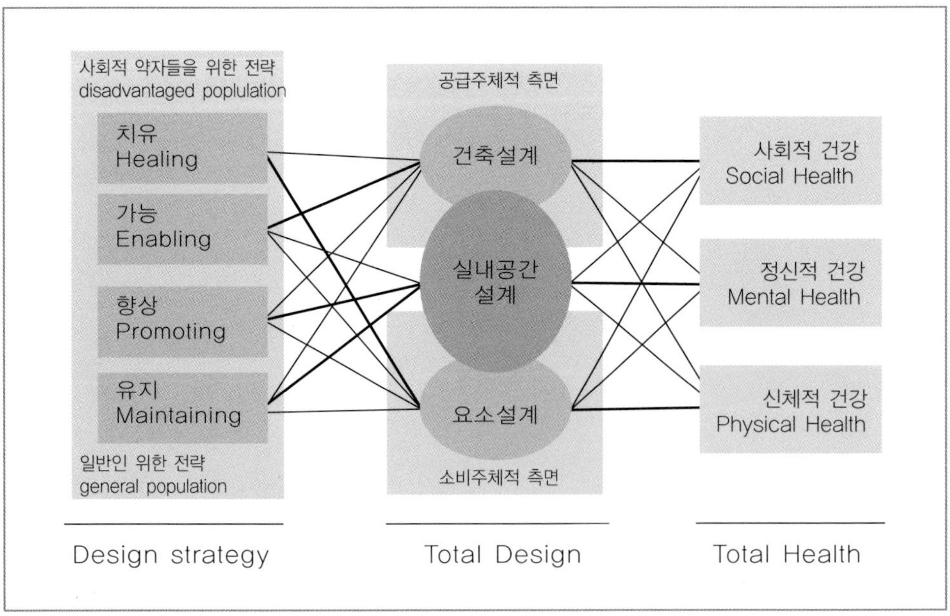

그림 7
건강주택 디자인의 개념적 틀 ⓒ

모두에서 얼마나 의식있게 삶의 세팅을 만들어 나갈 것인가를 생각하는 정도에 따라 달라질 것이다.

모든 국면들이 서로 긴밀히 연계되어 있고 문제를 푸는 방법에 따라 상대적 중요성에 대한 인지를 달리 할 수 있다. 그러나, 의료주택 디자인의 개념을 풀기위해 편의상 우선적으로 고려하였던 주요한 국면들은 다음과 같다. 건축설계는 우선 무장애 건축이 되어야 한다는 점에서 '가능(enabling)'과 그리고, 접근성을 허용함으로써 *사회적 건강*과 긴밀히 연계되어 있고, 실내공간설계는 건강을 유지하고 향상시키는 전략적 개념과 그리고 *정신적 건강*과 긴밀히 연계되어 있으며, 요소설계는 치유의 기능과 *신체적 건강*이 보다 긴밀히 연계되어 있다. 이러한 상대적 비중이 높은 연계성은 〈그림 7〉에서 진하게 표현된 바와 같다.

4. 건강주택의 주요 디자인특성

앞의 〈그림 7〉을 건강주택 디자인을 위한 개념적 틀로 하여, 실제 250여 디자인 지침 항목이 개발 되었으며 이 지침에 근거하여 최종 제안된 평면은 〈그림 8〉과 같다. 이 주택은 Open Building의 개념을 지닌 SI (Support & Infill) 주택이며, 다음의 평면은 다양한 Infill 중 기혼 자녀세대 가족이 노부모 가족 혹은 비혈연 노인 세대와 같이 살 수 있는 유형을 사례로 보여주고 있다. 서포트란 건설업체가 소비자에게 제공할때의 부분으로서 거주자에 따라서도 분별하는 부분이며, 인필이란 거주자의 생활양식 등으로 각기 다르게 채워지게 되는 부분을 의미한다. 건강지향형 주택을 개발하기 위해 SI개념으로부터 시작할 수 밖에 없었던 필연적 이유는, 우리 한국의 사회적 주거 규범이 되어버린 아파트의 획일성이 얼핏 편리한 현대적 주택 개념처럼 이상적인 주거형태로 여겨져 오던 가운데, 보이지 않는 수많은 사회문제를 일으키거나 이를 완화시켜주는 완충역할을 못해 옴으로서 '현대인의 제반 건강성'을 지켜주지 못했으며, 이는 또한 앞으로의 복합적 기능 사회에 맞는 미래주거를 푸는 데는 더욱이 지양해야 하는 치명적인 속성이기 때문에 이 획일성을 탈피하는 가변성이 미래형 주택을 푸는 첫 열쇠가 되기 때문이었다.

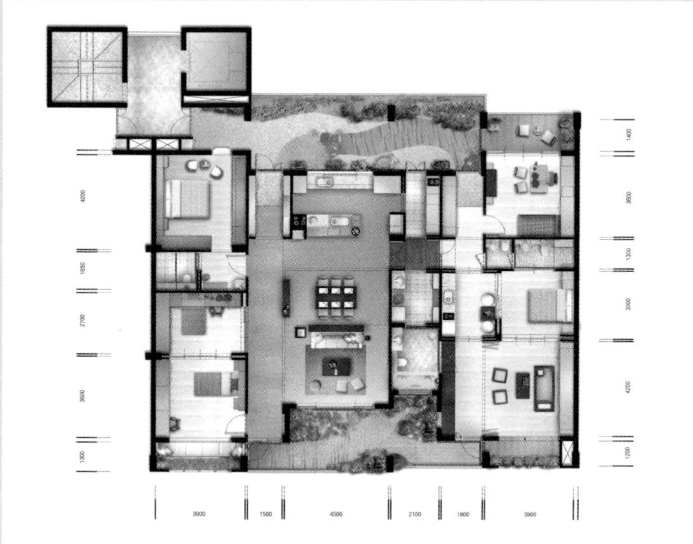

그림 8
제안된 건강지향형 주택 평면도ⓒ

이 중 몇 가지 주요 국면을 뽑아 소개하고 이것이 노인 복지를 위해 어떻게 연계되는지를 서술하면 다음과 같다.

1) 영역 구분의 다양한 가능성

- 2개의 독립적 생활이 가능하도록 출입구, 부엌, 화장실이 두 영역에 각각 갖추어져 있다.
- 2개의 영역에서 서로 교류하면서 살 수 있도록 개폐할 수 있는 내부 통로가 있다.
- 교류시 프라이버시 보호를 위해 각 침실군이 공동공간을 가운데 놓고 분리되어 있다.
- 각 침실군의 중간방이 융통성을 지니도록 두 면이 미닫이문으로 처리되어 있다.

| 건강성 |

□ 한 세대가 살 경우, 가족간 부부와 청소년, 성인 자녀 영역을 특별히 구분하거나, 재택근무를 수용할 수도 있고 삼대가 동거할 경우 두세대간 특히, 고부간 생활 스트레스를 경감시키고 긴 노후기간동안 계획에 따라 재택근무를 수용하여 사회적 관계도 지속적으로 도

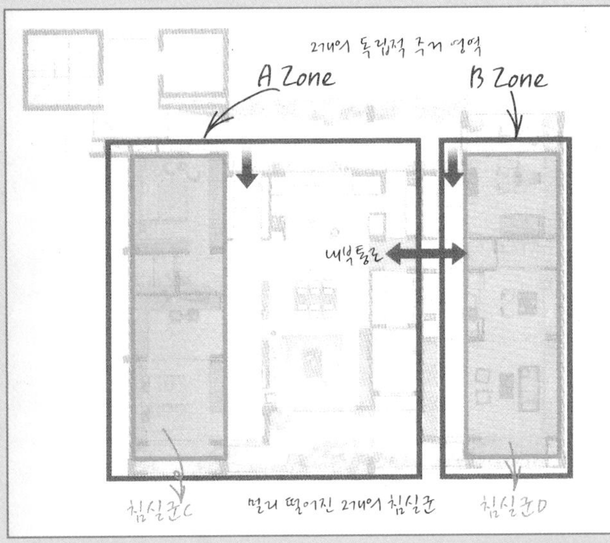

그림 9
2개의 독립적 주거 영역(A, B) 내부통로, 멀리 떨어진 2개의 침실군(C, D), 침실군의 중간방(E)은 가족과 동거하거나 전체를 노인세대가 다 쓰거나 일부를 이웃과 나누어 쓰거나 하는 경우 모두 노인의 사회적 건강을 지켜줄 수 있게 되어 있다. ⓒ

그림 10
중앙에 거실, 식당, 부엌 등 공동공간이 위치해 있어 양쪽 침실군의 프라이버시를 보호해줄 수 있으며, 공간이 열려있고 남쪽은 햇볕이 잘 들어오게 되어있으며 실내에서 식물도 가꿀 수 있어 대부분의 시간을 주택에서 보내는 노인에게 쾌적한 생활환경이 된다. ⓒ

그림 11
각 침실군의 중간방은 여러 용도로 사용될 수 있게 되어 식당, 거실, 침실, 서재, 드레스 룸, 수납방 등으로 활용할 수 있으며 특히, 자녀나 친지 방문에 융통성 있게 이용할 수 있다. ⓒ

모함으로써 *사회적 건강성*을 증진시키며, 긴 노후기간동안 노인세대의 임대를 통한 생활비 확보로 *심리적 안정성*을 줄 수도 있다.

□ 친척, 친구, 가정부, 교우 등의 방문을 기존 동거가족의 생활 침해 없이 프라이버시를 지키며 수용할 수 있다. 이는 특히 삼대일 경우 부양가족의 육체적 피로와 갈등을 줄이고 *심리적 건강*을 지켜줄 뿐 아니라 보다 건전한 가족관계가 지속되도록 해줄 수 있는 *사회적 건강*을 지향하는 특성이 될 것이다.

□ 환자가 발생하였을 경우 치유 장소로 쉽게 대처할 수 있고, 지역의사, 간호사, 간병인, 친척, 친지 등의 방문을 보다 편하게 수용하여 환자는 가족 및 사회적으로 고립하지 않게 함으로서 사회적 위로 통로를 열어놓게 하여 은연중 보호 받게까지 하고 본인은 물론 가족친지와 사회에 불필요한 긴장을 완화시킬 수 있다.

□ 방 수가 융통성 있게 필요한 가족에게 보통 때는 터서 넓게 쓰다가 가족 친지 방문시에는 닫아 방 수를 늘릴 수 있어 방문가족을 수용할 수 있다는 *심리적 건강*과 교류 가능하게 함으로서 *사회적 건강*을 증진시킨다.

2) 외부 문과 창의 배치

- 남 · 북 발코니에 면해 있는 모든 공간에 문이나 창이 있게 하되 중간방에서도 남향쪽으로 열리도록 되어있어 주택의 모든 공간이 외부에 열려 있다.
- 안과 밖을 연결하는 동선으로서 남 · 북 발코니의 2개 출입문을 연결하여 생기는 ㅁ자형 통로와 전면 발코니 문2개와 내부 복도를 연결하여 생기는 작은 ㅁ자형 통로가 형성되어 있다.
- 남측과 북측영역은 70 : 30 비율로 할당하여 중간 가로축을 기준으로 남쪽에는 주로 거하게 되는 생활공간을, 북쪽에는 작업이나 물품과 식품 보관을 위한 공간을 배치하였다.
- 공동 영역인 경우 북쪽 부엌, 중간 식당, 남쪽 거실 순으로 그 높이가 낮아지게 위계화 되어 있다.

| 건강성 |

□ 빛, 열환경, 공기환경이 질적으로 높게 유지됨으로써 *생리적/신체적*

*건강*뿐 아니라 심리적, 정서적 건강에도 이롭다.

- ㅁ 주택내에서도 외부공기를 마시며 움직일 수 있는 최대거리를 제공함으로서 *신체적/생리적 건강*에 이로우며, 박스형 밀폐된 주거에서 밖을 나갈 수 있다는 지각된 통제력을 제공하여 심리적 건강에도 도움이 된다.
- ㅁ 주로 거의 모든 시간을 주거내에서 보내게 되는 노인과 환자에게 특히 남쪽을 크게 할당하여 적절한 온도감을 유지시켜 줌으로서 *생리적 건강*을 지원한다. 또한, 북쪽 영역을 닫을 수 있게 하여 남쪽에 온기가 더 잘 머무를 수 있게 하여 에너지 절약은 물론 경제적 관리를 할 수 있다.
- ㅁ 와상노인환자, 휠체어 장애노인 등도 집안에서 보다 쉽고 자연스럽게 조경을 접할 수 있게 되어 있어 *신체적, 정신적 건강*을 지원한다. 특히, 치매노인에게는 안전한 배회의 동선을 제공하여 신선한 공기를 접할 수 있게 한다.
- ㅁ 최대로 열려있는 공동공간과 각 침실군의 중간방은 방문자가 생겼을 때 이를 쉽게 수용하고 가족모임 등 중대규모 행사도 무난히 수용할 수 있게 됨으로써 비상시를 대비한 걱정을 덜어 *심리적, 사회적 건강*을 증진시킨다.

3) 실내 조경

- ■ 전면, 후면 발코니와 작업위생공간 Y축 띠를 연결하여 H자형으로 조경이 형성되게 하여 집안 전체가 조경존과 연계되어 있다.
- ■ 조경요소로 식물, 동물, 물, 흙, 나무, 돌 등을 활용하여 다양한 질감과 자연성은 물론 공기정화효과, 치유기능이 있는 향 효과, 소음완충효과의 기능을 발휘하게 하였다.
- ■ 모든 통로는 현관에서의 3cm 높이를 제외하고 동일 높이로 하였으며 물이 들어오지 않게 문 주변에는 넓은 트렌치를 설치하였다.
- ■ 공동욕실 전실에는 실내 벽천을 설치하여 음향, 향기, 물 흐름, 조명 등을 조절하게 하여 도시조경요소가 일상 생활화 되게 하였다.

| 건강성 |

- ㅁ 자연과 자연이 가지는 제반 다양한 자극 요소들을 가족 특히, 환자와

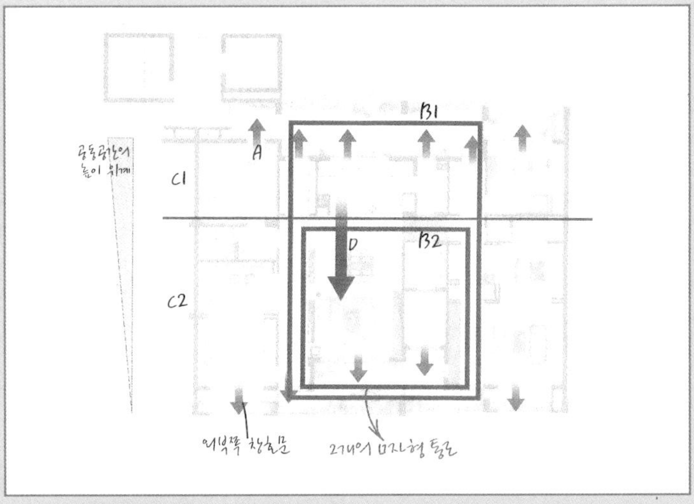

그림 12
2개의 ㅁ자형 통로, 남북의 비율, 모든 외부쪽 창호문, 공동공간의 높이 위계의 특성은 특히, 대부분의 생활을 주택 내부에서 보내게 되는 어린이, 여성, 노인 환자들에게 쾌적한 환경과 건강을 증진시키는 기회를 부여한다. ©

그림 13
집안의 모든 공간이 옥외 창으로 연결되어 있어 채광과 통풍효과가 좋게 되어 있으며 계절 감각을 느끼는 자연을 늘 접할 수 있게 되어 있다. ©

그림 14
집안 어느 곳에서나 옥외 발코니 정원을 볼 수 있는 Vista 효과가 있게 하여 집안에서도 시간과 계절 변화 감각 등을 느끼고 즐길 수 있게 하였다. ©

노인이 일상적으로 접할 수 있어 정서적 안정감과 휴식을 취할 수 있게 하여 *신체적, 정신적 건강*을 지원한다.

□ 산소를 내고 공해 및 냄새를 제거하고 치유효과가 있는 향을 내는 식물을 이용하여 공기환경을 개선시킴으로써 *생리적 건강*에 도움이 된다.

□ 발코니자체가 이중벽(double envelop)의 개념으로 외부 소음과 온도를 완충시키는 기능을 하고 특히, 흙과 자연재, 식물 등은 흡음효과가 있어 일상생활의 background stressor 인 소음문제를 완화하는 역할을 하여 *생리적, 정신적 건강*을 지원한다.

□ 실내 벽천은 공기의 습도를 조절하고 치유향을 발산하고 좋은 음악과 물흐름 소리와 물이 흘러가는 움직임을 통해 가족의 심신 건강은 물론 노인과 환자의 치유효과를 높이는데 기여되게 하여 *신체적, 정신적 건강*을 지원한다.

□ 노인, 장애노인, 환자노인이 간병인의 도움을 받아 움직이거나 이동보조기구, 휠체어 등을 사용하게 될 때 집안 발코니를 포함한 모든 공간에 접근이 가능하도록 하여 이들을 위축시키지 않고 일상생활과 활동, 운동을 할 수 있는 여건이 되게 하여 신체적, 정신적, 사회적 건강을 지원한다.

4) 수납가구-기기 시설

■ 수납공간의 양이 기존아파트보다 월등히 많고 이들은 벽쪽에 공간의 낭비가 없는 방향으로 설치되어 있을 뿐 아니라 공간간 프라이버시를 강화시켜 줄 수 있도록 위치되게 하였으며, 공간기능에 맞게 각각 충분한 수납이 분산 설치되어 있고 공간기능의 변화에 유연하게 대처하게 되어 있다.

■ 집안 여러 곳에 디지털 기기가 설치될 수 있게 배려되어 선과 콘센트 등이 충분히, 그리고 적절히 분산되어 있다.

■ 그림과 사진 등을 걸 수 있는 벽면과 놓을 수 있는 가구들이 다양하게 마련되어 있으며, 이들이 환자의 위치에서 쾌적하게 보여질 수 있도록 공간적 거리와 필요시 적절한 위치로 이동시킬 수 있는 융통성 있는 가구를 배려하였다.

■ 사용자의 상황에 따라 높이가 변할 수 있는 부엌, 욕실, 책상 등이 갖추어 질 수 있게 하였다.

■ 내부 천정에는 거의 보이지 않게 강한 레일이 삽입되어 있어 공간을 구획하는 스크린이나 간이벽, 디지털 TV나 기구의 이동뿐 아니라 환자발생시 hoist까지를 걸어 이동시킬 수 있는 적응성(adaptability)을 지니게 하였다.

| 건강성 |

- □ 어린자녀가 있고 가족생활주기가 확대되는 가족의 경우 자녀성장에 따른 요구와 장애노인 그리고 노인환자 발생시 이들의 요구에 적절히 공간이 변형될 수 있게 되어 있고, 그 공간에서 일어나는 제반 활동과 행위를 수용하게 면적이 확보되어 있으며 가구를 이동할 수 있는 융통성이 있어 *심리적 · 사회적 건강*을 지킬 수 있다.
- □ 병이 악화 되어 거동이 불편한 경우 환자의 편의는 물론 간병인의 피로감을 도와주기 위해 천정에 이동식 hoist를 설치하여 사용하게 함으로서 중증환자의 care까지도 수용하게 되어 있어 환자와 간병인의 *신체적, 정신적, 사회적 건강*을 지원한다.
- □ 원격 진료를 위한 제반장치 및 기기설치가 용이하도록 되어 있어 번잡함이 없이 가족과 취향에 따라 장소의 제약을 받지 않고 편리하게 사용할 수 있으며 특히, 환자가 기거하게 되는 장소에 환자의 불편함을 초래하지 않고 융통성 있게 사용되게 함으로서 *신체적, 심리적 건강*이 도움이 되게 한다.
- □ 환자와 노인의 경우 주변 가족, 친구 그리고 각종 추억을 되살리는 그림, 사진, 장식품 등이 많은 점을 배려하여 이들로부터 위로 받고 이들을 즐길 수 있도록 전시를 할 수 있는 충분한 벽과 가구 등이 제공됨으로써 이들의 *정서적 안정감과 정신적 건강*을 유지하게 할 수 있다.
- □ 이동이 불편한 노인 환자의 경우 침대 주변이 거의 우주적 생활공간이 되므로 이 주변에 필요한 모든 물품을 놓고 사용할 수 있도록, 또 위급시 긴급연락을 취할 수 있는 벨이나 사용기구를 위한 전기 콘센트 등 및 사용기기 · 기구 등을 병원처럼 보이지 않고 잘 정돈하여 친밀한 분위기를 지속시키도록 해 줌으로서 *정서적 · 지각적* 박탈감이 생기지 않게 한다.
- □ 높이를 이동 조절할 수 있는 세면대, 부엌 싱크, 책상은 노인, 환자, 장애 노인이 안전하고 편하게 일상생활을 지속할 수 있도록 재활 기능을 높임으로서 *신체적, 정신적, 사회적 건강*을 유지하게 할 수 있다.

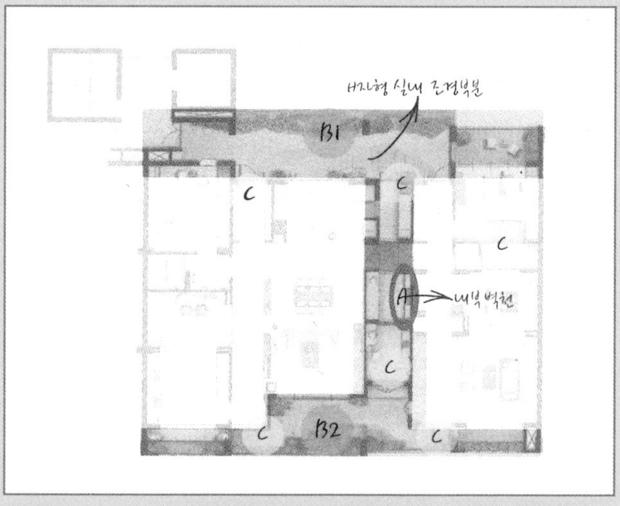

그림 15
H자형 실내 조경부분과 내부 벽천(A) ©

그림 16
자연재를 사용하여 조경개념을 연계시키고 보조손잡이를 부드럽고 편안하게 제공하여 욕실사고를 방지하고 휠체어 사용시에도 이용 가능하게 하였으며, 바닥이 동일높이로 되어 물이 흘러 넘치지 않게 배수용 트렌치를 설치하였다. ©

그림 17
모든 욕실과 다용도실은 앞뒤 발코니 정원을 연결하는 조경개념으로 디자인 되어 자연재와 수족관 등 옥외공간의 특성을 느껴 정서적 건강에 도움이 되게 하였다. ©

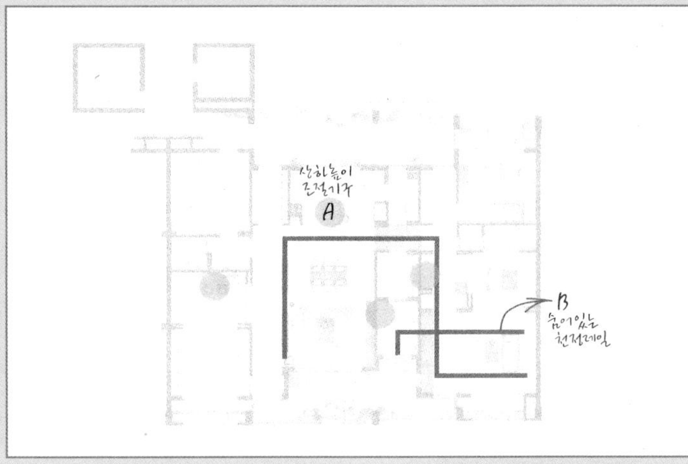

그림 18
충분한 수납가능면적, 가구배치의 융통성, 숨어있는 천정레일(B부분), 상하높이 조절가구(A부분)특성은 노인생활을 가능한 만큼 오래도록 자립적으로 시설에 가지 않고도 살 수 있는 가능성을 지원해 준다. ⓒ

그림 19
햇빛이 잘 들어오는 툇마루식 윈도우시트, 수납가구가 놓인 전통 웃방식으로 쓰인 복도가 열린 벽쪽에 발코니 정원을 열어 즐길 수 있는 작은 문과 추억의 그림, 식물 등을 놓고 감상할 수 있으며, 노쇠해져서 화장실이 더 인접해 있어야 하는 경우 문을 열어 쓸 수 있게 되어 있는 화장실 앞 문이 맞은편 놓은 가구의 오른쪽에 보인다. ⓒ

그림 20
와상노인이나 환자가 발생했을 때 침실이 치유를 위한 병실기능도 할 수 있도록 제반 수납 시설이 융통성있게 갖추어져 있으며 천정에는 미리 삽입된 레일을 이용하여 필요시 TV, 환자이동용 hoist를 사용할 수도 있게 되어 있다. 옆방은 간병인이 상주시 임시 거주할 수 있으며 침대와 안락의자 주변으로는 가족사진과 소유장식품 등 환자의 추억에 소중한 물건들을 놓고 즐길 수 있게 되어있다. 침대에 많이 누워 있게 되는 경우 천정에도 휴식적 그림이 있고 발코니를 통해 식물도 지켜볼 수 있다. ⓒ

5. 건강주택의 생애주기 적응 특성

1) 생애주기 변화에 따른 다양한 가족구성의 수용성

이 주택이 장기적으로 어떤 변화를 수용할 수 있는지 시간과 상황의 변화에 따른 적응성(Adaptability)은 어떠한지에 대해 구체적인 예제를 들어 정리해 보면 다음과 같다. 앞으로 시간이 지남에 따라 현재 가족 상황이 자연스럽게 변할 것이며 공간의 사용도 바뀔 것이다. 부모세대 입장과 자녀세대의 입장을 모두 고려해서 살펴보고 또 삶에 있어 예기치 않게 찾아오는 우환이 발생하였을 경우도 포함하여 이들 세부분으로 나누어 살펴본다.

(1) 지금 중년일 경우부터 앞으로 이 주택에서 살 수 있는 대표적 사례방안을 제안하면 다음과 같다.

① 청소년 자녀가 있는 시기
- 사춘기의 예민한 청소년 자녀들 그리고 가치관과 생활양식이 다른 청소년 자녀들을 위해 작은 유니트 전체를 할당할 수 있으며
- 청소년자녀로부터 프라이버시를 지키고 부부의 영역을 확보하며 작은 유니트전체를 부부영역으로 할당할 수 있다.

② 자녀 출가하고 부부만 사는 시기
- 경제적으로나 자녀 양쪽 문제를 도와주기 위해 출가한 신혼 자녀를 데리고 살수있고
- 임대해서 새로운 이웃을 만들어 살 수 있으며 이때 임대료는 생활비로 사용가능

③ 노인이 되어 생활이 축소되는 시기
- 성장해가는 자녀세대 가족에게 큰 공간을 내어주고, 유지관리 쉬운 작은 유니트에 살 수 있으며
- 큰 유니트를 임대해 주고 임대료는 노후 생활비로 보장받으며 살 수도 있다.

④ 노환/병이 든 시기
- 자녀와 함께 살 경우 노부모 생활의 프라이버시를 지킬 수 있는 동시에, 위급시 자녀가족으로부터 보호 받을 수 있으며

- 임대해서 이웃이 있을 경우 위급상황시 도움을 받을 수 있고 임대료를 낮추어 도움 관계를 형성하는 것이 가능하다.

(2) 기혼 자녀들의 경우 시간이 지남에 따라 이 주택에서 살 수 있는 방안을 제안해보면 다음과 같다.

① 이제 막 결혼한 신혼이며 어린 자녀가 있는 경우
- 부모님 집의 작은 유니트에서 도움을 받으며 살 수 있고
- 작은 유니트를 임차해서 살 수 있으며 이웃간 교류를 통해 자녀 양육시 도움을 받을 수 있다.

② 취학 전 · 후 자녀가 있고 재택근무하는 부모일 경우
- 큰 유니트에서는 가족생활을 하고 작은 유니트는 재택근무 공간으로 활용할 수 있으며
- 큰 유니트에서 가족생활을 하고 작은 유니트는 노부모를 모시고 살 수 있고
- 큰 유니트에서는 가족생활을 하고 작은 유니트는 임대를 할 수 있다

③ 취학자녀가 있는 중년이 될 경우
- 큰 유니트에는 가족이 생활하고 작은 유니트에서는 노부모를 모시고 살 수도 있고
- 큰 유니트에는 가족이 생활하고 작은 유니트는 다른 노인 세대에게 임대해서 이웃간 교류하며 살수 있고
- 큰 유니트에는 가족이 생활하고 작은 유니트는 또 다른 젊은 가족 세대에게 임대해서 자녀간 생활 양육 정보를 교류하며 살 수도 있다.

(3) 집안 가족 중에 장애인이 있거나 환자가 발생하였을 경우

① 공통적으로 다음과 같은 포용력이 있다.
- 주택의 전영역이 노인을 부축하거나, 노인이 보행보조 기구나 휠체어를 사용하여도 다닐 수 있도록 문이나 복도의 폭 · 가구 사이의 폭이 충분히 확보되어 있다.
- 넘어지거나 부딪히지 않도록 문턱이 제거되고 가구 등이 튀어나오지 않고 질서있게 놓일 수 있도록 되어 있다.

- 공간이 막혀 답답하게 되어 있지 않고 어디서나 쉽게 열려져 아름다운 그림과 자연조경,그리고 다른 공간을 쉽게 볼 수 있게 되어있다.

② 와상노인이 생겼을 경우

- 모든 공간에 이를 수용할 수 있으며 특히, 작은 유니트 내의 남쪽 침실이 환자 쾌유와 간병을 위한 쾌적한 공간으로 사용될 수 있다.
- 상주 간병인이 생겼을 때 중간방이나 북측방을 사용할 수 있다.
- 간병인, 문병인, 간호사들이 독립적으로 출입할 수 있어 동거 가족의 생활을 보호할 수 있다.
- 심각한 정도의 중증으로 되었을 경우 간병이 용이하게 공용화장실을 직접 노인실에서 출입이 가능하도록 바꾸어 쓸 수 있고 hoist를 설치할 수 있게 되어있다.

③ 치매 노인이 생겼을 경우

- 치매 노인을 보호하기 위해 집 밖으로 못 나가도록 한 경우라도 신선한 옥외공기와 자연, 충분히 걸어서 안전하게 다닐 수 있는 여건이 되어있다.
- 작은 유니트에서도 남쪽 침실, 중간방 부엌의 동선이 연결되어 작은 영역에서도 배회 할 수 있다.
- 남 · 북 발코니를 잇는 긴 복도는 한쪽 벽에는 추억이 깃든 사진과 그림 · 가구들이 있고 한쪽으로는 공간이 트여있어 답답한 느낌이 들지 않으면서도 마주보게 되는 출입문과 창문을 통해 시원한 공기와 조경을 접하며 안전한 배회를 할 수 있다.
- 옆 큰유니트에 사는 자녀가족과 내부 통로문을 열어 동거할 경우 거실 식당과 부엌 사이 복도, 침실zone과 거실사이 복도, 전면 발코니, 노인실 발코니쪽 문 등을 연결하여 안전한 ㅁ자형 배회 통로를 즐길 수 있다.
- 노인실내 출입문, 옆 큰 유니트에 사는 자녀가족의 출입문, 자녀세대의 전면 발코니문, 노인 세대쪽 전면 발코니문 등을 연결하여 보다 크게 배회 할 수 있는 ㅁ자 동선을 즐길 수 있다.

④ 장애인이 생겼을 경우

- 작은 유니트내의 남쪽 침실이 특히 장애인의 생활공간으로 쾌적하게 사용될 수 있다.
- 집에서 작업이나 근무를 할 경우 중간방을 확장해서 쓸 수도 있다.

- 화장실문을 열어 휠체어가 들어갈 수 있게 되어 있다.
- 재택근무가 활성화되면 작은 유니트 전체를 써서 생활 공간과 외부 손님 등이 방문할 수 있는 응접/작업공간으로 분리해서 사용할 수 있다.
- 장애를 가진 자녀가 결혼하면 그 자녀 가족이 생활 할 수 있다.

2) 거주자 특성 및 공간사용 방식에 따라 기능적 의미가 변하는 공간

(1) 2개의 ㅁ자형 동선

- 어린 자녀에게는 grossmotor activity를 장려하고 공간적 탐색능력과 다양한 자극을 경험하며 창의력을 증진시킬 수 있는 기회 제공
- 청소년 자녀에게는 부모로부터의 프라이버시와 행태적 자유(behavioral freedom)를 느낄 수 있는 기회 제공
- 삼대건강 가족에게는 고부간 긴장과 갈등을 완화시킬 수 있는 기회 제공
- 노인에게는 대부분 시간을 보내게 되는 주거환경에서 운동과 옥외환경 경험을 제공하고 계절 감각을 느껴 침체된 생활을 회복시켜주는 기회 제공
- 여성/주부에게는 타 공간 방해하지 않고 가사작업을 원활히 할 수 있는 이동 공간으로서의 기회제공
- 환자에게는 신선한 공기와 운동을 자극하고 허용하는 자리 제공
- 치매환자에게는 안전하게 배회할 수 있는 기회 제공

(2) 거실/식당과 복도 사이 천정레일

- 반투명 스크린으로 막아 복도를 개인침실 영역과 구분하는 완충공간으로 사용
- 내릴 수 있는 반투명 blind로 공간의 은은한 멋을 더할 수 있게 사용
- 수납량이 많은 가족에게는 full height 수납장이 고정될 수 있게 사용
- 각종 운동기구를 겸하는 스크린을 설치하여 인위적 기계가 아닌 자연적 운동을 유도하게 사용 (그물, 그네, 사다리, 오르기판 등)

- 장기보호노인이나 환자가 있을 시 hoist 이동 레일로도 사용
- 디지털 스크린이 움직일 수 있는 레일로도 사용
- 디지털 간벽/수납장이 고정될 수 있는 레일로도 사용
- 낮은 장 (반다지형, 소형테이블 등)이 고정되게 늘어지는 레일로도 사용
- 조경 테이블이 고정되게 놓여지는 레일로도 사용

(3) 정원 (전후면 발코니 + 실내 폭포벽)

- 어린 자녀에게는 다양한 자극을 탐색하고 제반 발달학적 특성 즉 인성, 감성, 인지력, 창의력 등을 증진시킬 수 있는 가능성의 기회
- 성인에게는 현대 업무 스트레스인 테크노 스트레스를 경감시켜주고 치유받을 수 있는 기회
- 노인에게는 생활의 정서를 다스리고 소일하며 시간과 계절과 생명의 변화를 경험하며 살 수 있는 기회
- 환자에게는 좋은 공기와 산소를 공급받고 색, 향, 질감 등의 변화로 감성을 누그러뜨려 주며 안정을 하게하고 회복하게 하는 장
- 치매노인에게는 자연성을 통해 감정을 완화시켜 치매진전을 느리게 하고 안전하게 옥외 환경을 경험하게 하는 장

(4) 작은 유니트 내의 천정 레일

- 부부가 사용할 때는 디지털 PDP가 리모컨 조정에 따라 이동하는 기능
- 환자가 사용할 때는 이 외에도 원격진료용 스크린이 쉽게 이동하는 기능
- 와상노인이 있을 때는 인접 욕실로 환자를 이동하는 hoist이동 기능

(5) 공동 욕실

- 어린 자녀에게는 놀이와 가족상호 접촉의 장
- 성인에게는 현대생활 상의 스트레스로부터 휴식을 취하는 장
- 노인에게는 사고 없이 안전하게 자립적으로 목욕을 할 수 있는 장

- 휠체어 장애인에게는 인격을 지킬 수 있는 부수적 공간
- 부모에게는 자녀를 양육하는데 편리한 공간

(6) 작은 유니트 내 부엌

- 중년부부에게는 사회적 상호작용을 늘일 수 있는 bar의 기능
- 기혼 자녀 부부에게는 간편한 식생활을 수용하는 부엌의 기능
- 청소년에게는 간단히 스낵을 해 먹을 수 있는 간이 부엌 기능
- 노인에게는 기혼 자녀 식생활로부터 탈피하여 자신의 맛과 선호와 자유를 즐길 수 있는 대안 부엌 기능
- 장애인에게는 휠체어를 타고도 스스로 가사작업을 할 수 있는 자유의 장
- 환자 간병인에게는 환자의 음식을 유지 관리하는 care 준비의 장

4 나오면서

어느 누구에게나 건강에 위협이 있을 가능성이 있다. 그리고 또, 건강에 문제가 있다고 해서 직 · 간접적으로 드러나는 질병의 치료만 생각해서도 안된다. 질병은 유전적으로나 사고로만 생기는 것이 아니라 우리 일상 생활의 보이지 않는 수많은 차원들이 복합적으로 영향을 미치는 것이다. 이 영향력 있는 차원중의 하나가 바로 우리 삶이 이루어지고 있는 생활 세팅 즉, 행태적 장인 주거환경이다. 우리가 사는 집이 *생리적 · 신체적인 건강*을 지켜주지 못하고 더욱이 알게 모르게 위협을 주고 있지 않은지, 우리가 사는 집이 현대 사회의 수많은 자극과 복잡한 스트레스로부터 *심리적 · 정신적 건강*을 지켜주지 못하고 더욱이 드러나게 드러나지 않게 스트레스를 가중시키고 있지 않은지, 우리가 사는 집이 가족간 평온하고 화목하도록 *사회적 건강*을 지켜주지 못하고 더욱이 가족관계를 더욱 어렵고 긴장되게 하고 있지 않은지, 생활의 질을 향상시키고 아파트의 질적 도약을 이루겠다고 국민과 소비자에게 약속하고 있는 주택시장은 진정으로 바람직한 삶을 보장하는 주택의 내적 가치이자 고부가치를 지니게 하는 특성을 발견하고 이를 실현하도록 노력해야 할 것이다.

진정한 미래의 좋은 주택이란 화장술을 통해 겉으로 화려하고 아름답게만 보이는 주택이 아니라, 바로 현대인의 건강을 은연중 *유지*시켜 주며, *증진*시켜 삶의 질을 높여 주고, 사고나 일상생활에서 장애 상황이 일어나지 않게 하여 정상적인 삶을 *가능*하게 해 주며, 심신을 치유하는 데에도 기여하는 주택이 될 것이다. 또한, 이제 우리가 받아들이던 받아들이지 않던 디지털 사회의 영향은 피할 수 없으며 이로 인해 원격의료서비스가 우리의 일상생활환경에 보편적으로 보급될 시기가 앞당겨지고 있다. 그러므로, 보다 슬기롭게 이러한 변화를 예측하고 또 받아들여, 삶의 질을 높이는 새로운 개념들이 환경의 창조에 반영되어 주택이 우리의 건강을 지키는 *병원의 파트너*가 되어야 할 것이다.

노후생활과 복지에 대한 보장을 받을 수 없는 우리 사회에서, 노인복지 정책과 국민건강복지 정책이 국민의 불안감을 경감시키고 안정감을 느끼게 해 주지 못하는 우리 현실에서, 그리고 복지 서비스가 원활하게 보급되기 어렵게 고정되고 소유되어버린 현대 환경에서, 유동적으로 상황에 따라 대처할 수 있는 이 *적응력을 지닌 건강주택*은 미래 복지 사회를 앞당기는 새로운 사회적 공간 인프라가 될 수 있을 것이다. 이제까지 주택의 대량생산적 공급이 일면 중대한 사회문제를 초래해 왔다면, 이제 이 특성을 제대로 설정된 주택개발방향이 보급되는 방법으로 활용된다면 우리나라는 다른 국가가 가지지 못한 세계적 선진성을 지닐 수 있는 가능성이 있을 것이다.

건강주택의 중요성, 주택의 치유효과에 대해 피력하고 우리의 '건강'을 지켜줄 수 있는 주택을 원하는 것은 현대사회 당연한 시민의 편리임을 강조한 미국의 헬스케어 환경분야 지도자급 인사말을 인용하며 이 글을 끝내고자 한다.

"We see greater *therapeutic value in housing* and support environments that optimize conventional daily living : and in *conventional daily living environments* that are designed to *be supportive at all stage of the life cycle*. Such housing and environments must be part of the '*natural rights*' to which *all members of society are entitled*, and should not be rationed out in bits and pieces to be fought over because need far exceeds supply."

Leonard F. Heumann and Duncan P. Boldy
Author, Housing for the Elderly (1982)
In Aging in place with Digmty(1993)
Praeger, p175.

"일상적으로 늘 살아오던 생활양식을 최대로 지킬 수 있게 해 주는 *주택*과 모든 생애주기 단계에서 생활을 지원해 주도록 디자인된 *일상생활 환경*은 보다 큰 *치료적 가치*를 지닌다. 이러한 주택과 환경은 그 수요가 지극히 크기 때문에 사회 구성원 모두가 요구하고 가질 수 있어야 하는 '*당연한 권리*' 이며 이를 얻고자 구태여 투쟁할 필요조차 없다."

2 생태계와 함께 호흡하는 보금자리

1 들어가면서

1. 현대 주거의 참모습

1) 인간의 삶을 담고 있는 공간의 생태성

인간의 생명과 신체와 삶과 생활을 감싸고 있는 실체로서의 주거공간은 과연 무엇인가. 인간을 하나의 유기체로서 살아있게 하기위한 보금자리로서의 주거공간은, 의복이 인간의 피부를 넘어 인간의 신체를 에워싸는 제2의 피부(skin)라고 한다면 제3의 입체적인 피부라 할 수 있는데 이는 의복과는 달리 삼차원적인 특성이어서 안의 공간을 가지고 있는 껍질이란 의미의 쉘(shell)이라고 볼 수 있을 것이다. 이 쉘은 다시 하드 쉘과 소프트 쉘로 나뉠 수 있으며, 이 두 가지 어휘는 고정된 한 의미로 해석되기 보다는 서로 상대적 관점에서 유연하게 해석될 수 있다.

주택의 구조체와 그 안에서 창조되는 상대적으로 유연한 내부설비 모두를 하드와 소프트 개념으로 이해할 수 있고, 주거공간을 이루는 모든 딱딱한 부분들과 직물 등 부드러운 부분들을 구별하는 개념으로도 이해될 수도 있으며, 만져지는 모든 부분들과 만질 수 없는 공기 등 보이지 않고 존재하는 부분들을 구별하는 개념으로 이해될 수도 있다. 이 하드 부분과 소프트 부분이 동시에 잘 갖추어졌을 때, 그 안에서 이루어지는 인간의 삶과 인간

그림 1
세계 여러나라의 전통주택은 친환경적인 소재의 사용과 건축방법, 그리고 자연과의 유기적인 관계를 유지하는 생태주택으로서의 특성들을 지니고 있으며 오늘날 걱정하는 환경오염과 에너지문제 해결을 접근해가는 지혜를 준다.

의 건강이 보호받을 수 있게 된다.

특히 산업화의 속도와 국민소득 성장속도와 윤리의식 등 수많은 다양한 요소가 우리를 감싸고 있는 하드 쉘과 소프트 쉘의 결합체인 주택의 구체적 형상과 질 에 영향을 미쳐왔다. 전반적으로 과거 전통주택에서 기대하기 어려웠던 많은 부분들이 특히 위생적 측면과 작업기능 측면에서 개선되어 단정하고 편리한 생활을 가능하게 해 주었다. 한편 산업화로 인한 재료장의 발전은 인간의 감성을 다른 차원으로 자극하고 소비자의 심리를 고무시키는 역할을 해오기도 하였다.

그러는 중 급속도로 성장하는 중산층과 소비자들의 요구에 대응하기 위한 산업화의 속도는 미처 정당하고 건전하며 장기적이고 미래를 배려하며, 인간의 깊숙한 삶의 건강성을 생각할 여유없이 생산을 밀어왔으며 이 결과

그림 2
스웨덴 게테뵈르그에 있는 주택공원(Housing Park)의 모델하우스 전경이다. 한 나라의 모델하우스는 오늘날 그 나라의 광범위한 중산층들이 요구하고 또 공급가능한 주거가치와 문화를 보여준다. 이는 또한 어떤 곳에서 대부분의 인생이 보내지는 일상생활이 이루어지는지를 알게 한다.

그림 3
일본 람바의 주택공원에 있는 현대 일본주택의 모델하우스 전경이다. 서양식 생활양식이 크게 영향을 미친 가운데서도 일본 전통거실, 색감, 그리고 실내직물패턴, 좌식 목욕문화가 반영된 욕실, 기하학적인 그리드 패턴 등 일본의 문화적 측면들이 스며들어 있다.

잘못되어진 구조, 건설, 재료 등으로 주어진 주택 그 자체가 궁극적인 진정한 삶의 건강성 가치를 이제 심각히 위협하게 되었다.

이러한 시점에서 우리가 자연스럽고 편안하게 생각하고 추구하고 경험해 온 우리의 일상 생활공간을 보다 깊숙이 분석하여 들여다보는 자세가 필요하다. 우리 공간을 구성하는 각종 건축재료, 구성재, 실내 직물, 가구, 액세서리 등 다양한 생활재 들은 어디로부터 어떻게 형성되어 우리 삶의 일부분으로 들어와 있는지 각 자원의 탄생배경, 순환과정들에 민감하게 관심을 두고 또 책임 있게 선택하고 소비하는 자세가 필요하다.

만약 화재가 발생하였을때 정전 등 재해 상황이 발생하였을 경우, 안전하게 피할 수 있는지 얼마간 생활을 그대로 영위할 수 있게 되어있는지, 사고란 만에 한번 일어나면 생명을 잃고 또 다치기도 하는데 그러한 경우에 대책이 없는 혹은 대책이 미미한 주택은 어떻게 인간의 삶을 영위할 수 있는 지속가능한 가치를 지녔다고 할 것인가. 또한 지어진 주택들이 과연 에

그림 4

인위적 환경물은 회귀할 수 없는 누적물이 됨으로써 마치 인간의 혈관 속에 이물질이 축적된 것처럼 생태계의 균형을 깨뜨렸기에 이를 자연에 복귀하게 하는 방향으로 발전할 것이다.

너지 낭비를 막고 자연의 무한 에너지를 효율적으로 활용하도록 현명하게 설계된 것인지, 각 공간의 관계, 크기, 배치, 설비가 거주자의 삶에 위협을 초래하지 않고 오히려 인간의 감각과 감성과 지적 능력까지 고무시키는 신선한 방법들로 지어졌는지를 다각적으로 살펴보아야 한다. 한편 주거 공간 내 들어와 있는 수많은 생활재들이 우리에게 은연 중 해가 되지 않고 있는지 이들이 내뿜는 화학성분들을 잘 피하고 제거할 수 있게 되어있는지도 점검하는 태도가 필요하다.

이러한 하드 쉘, 소프트 쉘을 동시에 통합적으로 지닌 주택의 건강성을 그림으로 표현해보면 다음과 같다. 일단 건축물이 형성되는 성격에 따라 어느정도 내부공간의 생태성이 정해지고 또 내부구성물과 생활재들이 들어오는 성격에 따라 내부공간의 생태성이 결정된다. 만약 이들이 친환경적으로 창조된다면 주택 자체가 생태성을 충만히 가지게 될 것이며, 잘못 창조된다면 인간에게 심각한 위해 환경을 강요하게 되는 것이다.

2) 생태학적 관점에서 본 한국의 현대주택

한국인이 살아온 주거의 모습이 전통 주거에서부터 현재까지 어떻게 변해왔는지 특히 생태적 관점에서 들여다보면 우리의 삶을 질적으로 담아낼 수 있는 미래 우리 주거의 모습이 어떠해야 할 것인지를 그려볼 수 있을 것이다.

한국 전통건축은 자연을 닮은 건축이라고 말할 수 있다. 즉, 전통건축은 자연과의 조화를 이루며 자연 속에서 눈에 거슬리지 않는 형태와 구성을 지니며, 건축을 구성하는 구조에서부터 전체 형상에 이르기까지 친자연적인 기법을 사용하였다. 선조들은 자연을 닮은 건축을 위해 있는 그대로의

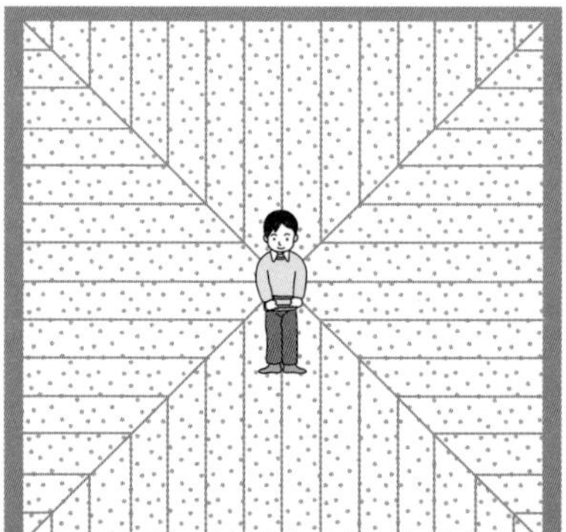

그림 5
Hard & Soft Shell for Living ©
■ : 건축구조체
▤ : 구조체가 생겨짐으로써 형성되는 내부공간의 생태성
░ : 내부구성물, 생활재들로서 형성되는 내적 공간의 생태성

모습을 나타내며 자연과 융합하고자 하였으므로, 정연한 조화를 기본으로 하면서도 흐트러진 조화를 더하여 자연과 공생하려고 하였다. 이러한 노력은 장식요소에서 공간구조에 이르기까지 반영되어 나타났으며, 이에 따라 편안하고 분수에 맞는 주택이 탄생할 수 있었다. 이러한 자연 친화적인 한국 전통주거는 생태적 미학이 갖는 여유로운 제반 특성을 지니고 있는데, 우리의 삶에 틈과 뜸과 무기교와 여백과 해학을 주며, 그 자체가 투명성을 지니고 개체와 전체가 어우러진 유기적 특성과, 개방성과 폐쇄성이 공존하는 특성과 살아있는 역동성을 지니고 있다. 이렇듯 지역산 무공해 재료로 순환이 가능하게 지어진 우리의 주택은 인간의 모습을 포용하고 인간친화적인 규모와 현상으로 만들어져 자연과 하나되고 또 자연 속에 들어있는 완벽한 생태적 삶의 세팅이었다.

그러나 산업화로 인해 수적으로 폭발적인 증가를 해온 대중의 주거요구에 의해 대량 생산형 모델이 된 아파트가 전국의 토지를 덮으면서 우리의 삶의 세팅은 많은 변화를 하였다. 획일적으로 그리고 경제적 생산성 건설 관점에서 삶의 모습, 생활상에 대한 존중과 미래에 대한 배려는 뒤로하고, 급급한 수요를 만족시키기 위해 틀에 짜여진 패턴으로 지어짐으로써 우리의 삶을 편의성이란 미명아래 황폐하게 몰아왔다. 그 중 우리가 잃어 온 가장 중요한 국면이 바로 생태적 건강성이며, 이제 삶의 질을 추구하기 위해 도약에 도전하는 시점에서 이 '생태성'은 장기적으로 중요한 화두로 떠오르고 있다.

그림 6
한국 전통건축은 열리면 자연 속에 들어가 있고 또 실내에서는 무한히 외부조경을 끌어들일 수 있으며, 공간이 막히지 않고 공기가 자유롭게 흐르게 하는 시각적, 촉각적, 청각적 흐름을 가능하게 한다.

그림 7
도시한옥은 전통주택의 모습을 그대로 보존하되 필요에 따라 기능적 편리성을 갖추도록 개선된 형태를 지니고 있다. 여전히 자연친화적인 무공해 재료, 페인트 등을 사용하고 공간의 중복성, 중첩성, 연계성을 통해 사람의 사용과 공기의 흐름을 유동적이게 하여 살아있는 공간의 냄새를 느끼게 한다.

그림 8
우리의 일상적 삶이 일어나는 세팅은 주거단위가 모여 있는 건물과 각 단위 주택의 외형적 구조물, 그것이 만들어 내는 내부공간 그리고 그 곳에 채워지는 가구와 생활재등이며 우리는 이들 속에서 숨쉬고 상호작용하며 우리의 귀한 삶을 보내고 있다. 각 나라에 따라 이 터(shell)는 달리 형성되고 형성되는 과정과 기저에는 건강한 삶에 대한 인식과 철학이 다르게 존재함을 알 수 있다.

지난 40년간 전국에 확산되어온 아파트는 획일적인 공장 생산형 박스처럼 우리의 주거문화를 무미건조하게 만들어 왔으며 그 안의 주거단위 또한 방수와 크기의 차이뿐 인구가 다양한데 비해 획일적인 표준형으로 공급됨으로서 가족들의 생활을 일정한 방향으로 유도해왔다고도 할 수 있다. 거의 밀폐된 박스 속에 자연 친화적인 생활과 생태적 건강을 잃어 왔다고 해도 과언이 아닐 것이다.

특히 최근 주택 시장의 발달로 주택 상품 차별화 전략에 의해 이전과는 다른 주택의 모델들이 선보이고 있으며 이들 대부분에서 느낄 수 있는 것은, 마치 생활의 경제적 수준을 화려하게 치장된 실내를 통해 드러냄으로써 우리가 진정 추구하는 '삶의 질'이 과연 무엇인가를 심각하게 생각하게 한다. 한편 만연해지는 아파트에서의 삶에 회의를 느끼고 도시 한옥에서 거주하는 거주자들을 통해, 이들이 한옥의 불편함을 감수하고라도 오히려 무엇인가를 취하고 즐기는 현상을 통해 주거의 '생태성'을 재고해 볼 수도 있다. 한옥의 기능적 열등성을 현대 주거 설비, 구성재들이 부분적으로 적절히 보조해 준다면 우리는 과연 무엇을 얻을 수 있을 것인가. 바로 살아있다는 느낌을 주는 '숨'을 쉬는 것이 아닐까.

한편, 현재의 아파트가 과연 지속가능한 가치가 있는가를 의심하게하고 우리를 불안하게 하는 기사들이 우리 주위에 늘 있어왔고 최근에 더 경종을 울리고 있다. 그러한데도 우리는 무감각하게, 또 모든 주위 사람들에게 다 해당하는 불안일 것이라는 심리적 동조성으로 오히려 위안하며 걱정을 피하려한다. 최근 보도되고 있는 관련 신문기사를 소개하면 그로부터 우리 주거의 미래가 심각히 걱정됨을 알 수 있다.

중앙일보	서울 송파 아파트에 불 ... 11명 사상	2003. 06. 26

26일 오전 6시 5분께 서울 송파구 오금동 현대아파트 37동 903호에서 원인을 알 수 없는 불이 나 이 집에 사는 남장현(28)씨가 숨지고 남씨의 아버지 남기선(61)씨 등 일가족 3명과 이웃 주민 7명 등 10명이 부상했다. 화재가 나자 소방차 23대와 소방관 75명이 출동했으나 소방 호스가 짧아 8층까지만 닿았고 출근시간 전이라 주차된 차들로 소방차 진입이 어려워 진화까지 50여분이 걸렸다.

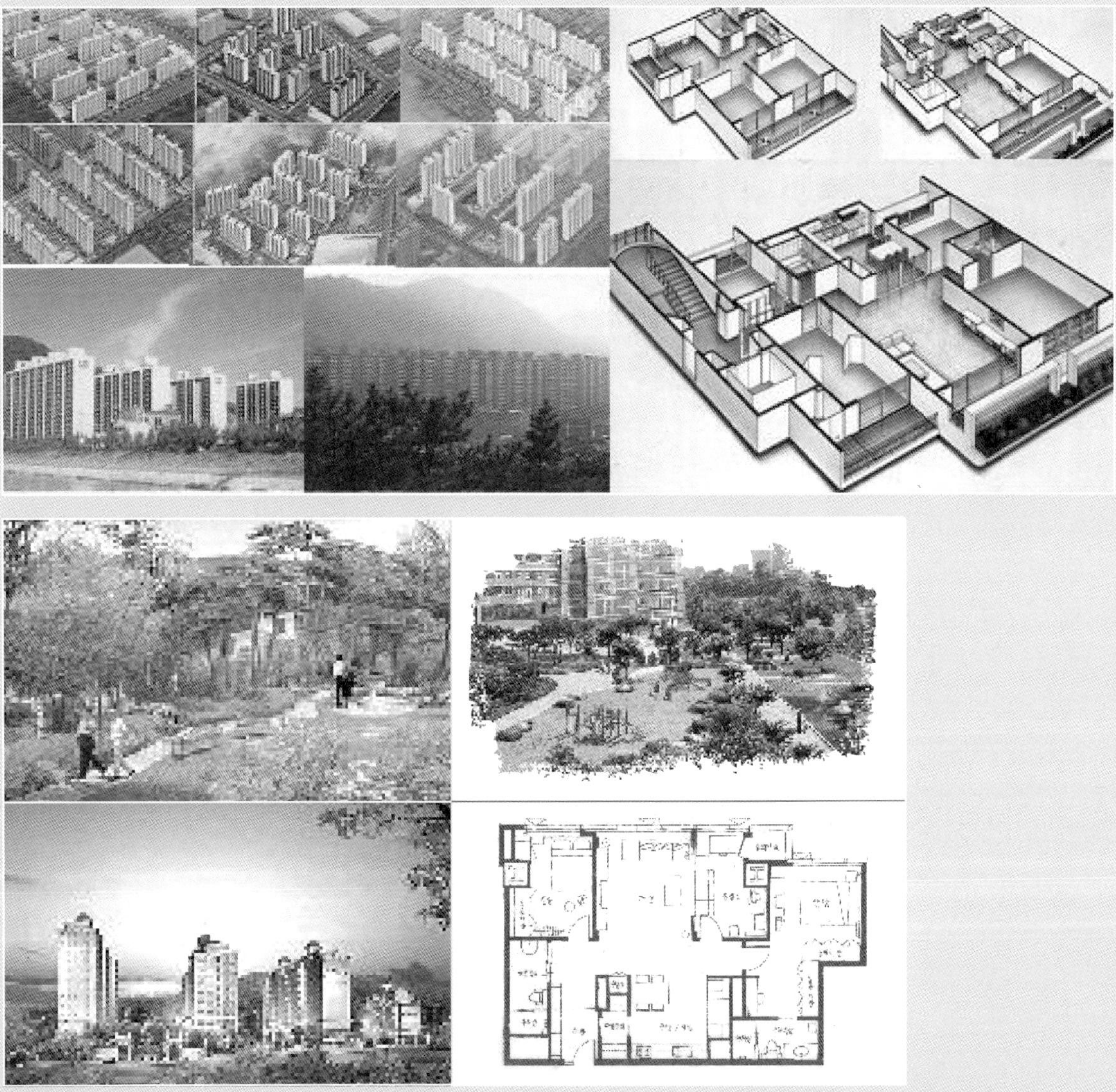

그림 9
한국 아파트의 전형적인 전경들과 최근 투자가치가 높다고 알려진 초고층 아파트의 평면을 통해 한 가족의 생활모습을 간략히 스케치 한 것이다. 유일하게 숨쉴 수 있는 옥외 발코니는 없으며 모든 것이 창문에 의지할 뿐 생활을 편안하고 안락하게 할 수 없으며 신선한 자연공기를 마시면서 살게 하고 있는가 하는 의문이 들게 한다.

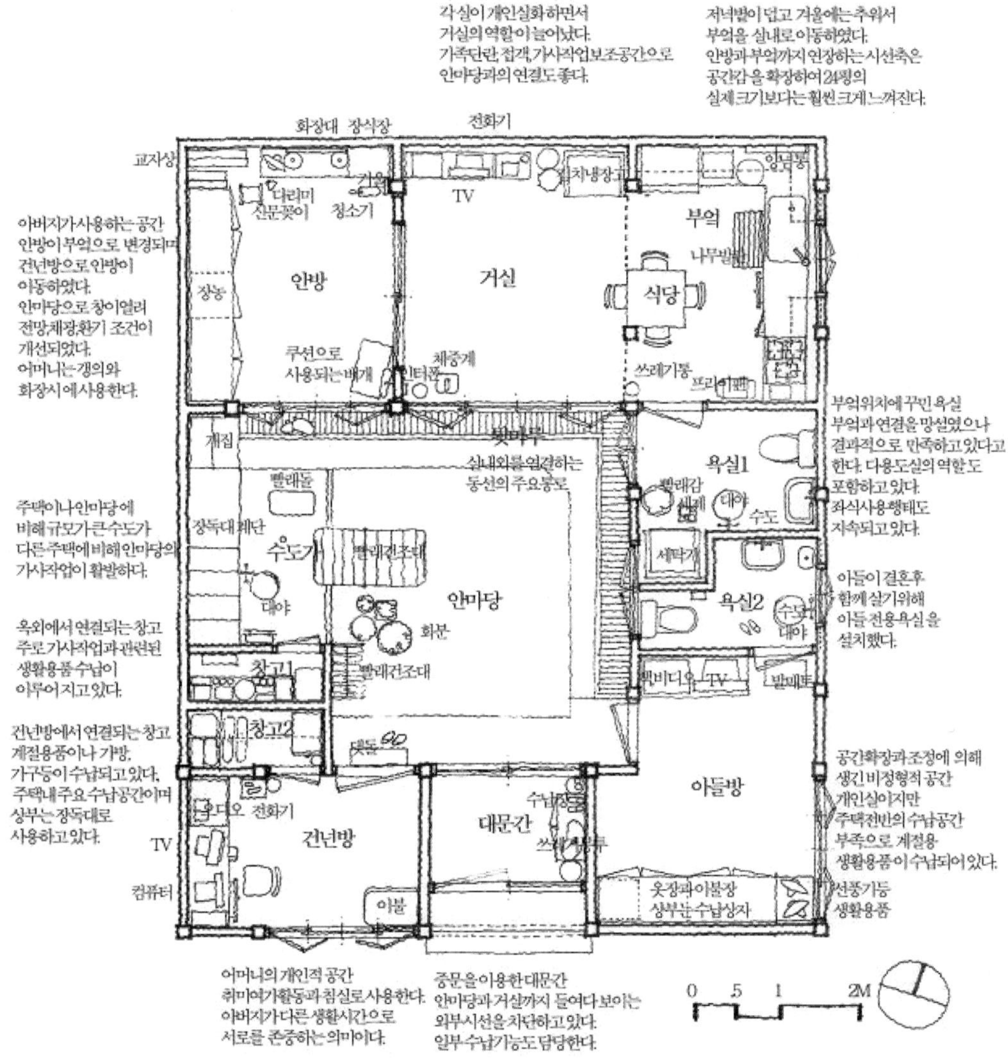

그림 10

도시한옥의 생활을 보여주는 평면 스케치

안마당을 중심으로 열려있는 모든 방, 연계된 안방과 거실, 안마당을 사이에 두고 떨어져 있는 건넌방과 아들방, 대문간을 사이에 두고 있는 건넌방과 아들방, 마당의 화분, 수돗가 등등은 현대 아파트에서는 느끼기 어려운 인간적인 생활의 역동성을 느끼게 한다. 특히 한국의 춥고 불편함을 감수하고 신선한 공기와 약간은 기능적 긴장감을 주고 감성을 풍부하게 하는 도시 한옥 생활을 선택하고 즐기는 거주자들에서 삶의 질을 높여주는 주거의 의미를 새롭게 느끼게 한다. ⓒ

조선일보	실내는 독가스실? 건자재서 오염물질 배출	2003. 07. 20

아파트에 사용되는 각종 건자재에서 배출되는 휘발성유기화합물(VOCs), 포름알데히드(HCHO) 등 각종 오염물질들이 아토피성 피부염, 두통 등 각종 질환의 원인이 되고 있으며, 이들 오염물질들은 신축한 지 5년이 지나도 계속 배출되고 있는 것으로 나타났다. 최근들어서는 방음 밀폐효과 등 건축기술의 발달로 환기마저 잘 안돼 "마치 독가스실에 갇혀 지내는 셈"이라고 전문가들은 지적하고 있다. VOCs 배출량은 삼성기술연구소의 조사(2000년)에서 독일제 비닐 바닥재가 4898㎍/m^3 · h, 핀란드제 비닐 바닥재 1407㎍/m^3 · h, 석고보드가 302㎍/m^3 · h를 배출하는 것으로 측정됐다. 인체에 대한 영향은 200㎍/m^3 수준에서 시작돼 300~3000㎍/m^3 · h의 경우 염증 · 불쾌감, 심할 경우 눈 · 코 · 목 등에서 염증 · 두통 · 신경마비 등이 우려된다.

포름알데히드는 가구 · 단열재 · 페인트 · 벽지 · 타일 등에서 평균 25~130㎍/m^3 검출됐다(경원대 윤동원 교수 조사 · 2002년). 이는 미국의 실내공기환경기준(100㎍/m^3)을 넘는 수준이다. 윤 교수는 "신축된 지 5~6년이 지나도 각종 건자재에서는 그 양이 적기는 하지만 오염물질들이 나온다"며 "하루 10시간 이상 생활하는 거주공간임을 감안, 비록 적은 양일지라도 무시해서는 곤란하다"고 지적했다. 실내에서 방출되는 오염물질은 실외에 비해 폐에 전달될 확률이 1000배나 높아 실내 오염을 20@만 줄여도 급성 기관지 질환으로 인한 사망률을 최소한 4~8% 줄일 수 있다는 게 세계보건기구의 권고이다. 이에따라 신축아파트 모델하우스의 경우 건자재에서 나오는 각종 오염물질로 도우미들이 쓰러지는 경우도 있다. 지난 2월 강남구 역삼동 B아파트 모델하우스에서는 도우미들이 종일 새 건물에서 나오는 휘발유 · 벽지 냄새로 현기증을 느끼다 결국 쓰러졌다. 아파트 모델하우스 도우미로 4년간 일한 A(25)양은 "이런 사례는 분당, 일산 등 거의 모든 모델하우스에서 다반사로 일어난다"고 말했다. 벽지 등 아파트 내장재를 교체해 그동안 앓아오던 질환에서 나아지는 경우도 적지 않다. 김진형(13 · 중1년)군은 세 살 때부터 10년 이상 목 · 팔 · 엉덩이 등 아토피 피부염을 앓아왔다. 하지만 지난해 11월 어머니 이남식(李南植) · 41 · 경기도 안양시)씨가 아파트 내부 벽지를 '친환경 제품'으로 교체하고 나면서부터는 증상이 크게 나아졌다. 이씨는 "8년 넘게 이 병원 저 병원 용하다는 곳은 안 다닌 곳이 없었다"며 주위의 조언대로 벽지를 바꾼 후 효과를 봤다"고 했다. 국내의 경우 알레르기 비염의 원인이 실내공기 중 포름알데히드 때문이라는 연구결과가 있으며, 40만명 이상으로 추산되는 아토피 피부염 환자들도 실내공기와 상관관계가 높은 것으로 전문가들은 보고 있다. 또 초등학생 400여만명 중 천식을 앓는 10% 내외도 실내 공기질과 관련이 있는 것으로 알려졌다. 환경부는 내년 5월부터 새로 건설되는 아파트 등 공동주택의 경우 실내 공기질을 입주 전에 측정, 공고하도록 할 계획이다. 오염물질을 다량 배출하는 건축자재의 사용 제한, 오염물질 배출량에 따라 등급을 정해 인증해주는 제도도 검토중이다. 한경정의시민연대의 주부들 모임인 '다음을 지키는 사람들' 김미진(金美眞 · 42) 운영위운장은 "건강하고 쾌적한 생활 공간을 스스로 확보할 수 있도록 친환경소재에 대한 적극적인 육성과 정보 공개가 필요하다"고 강조했다.

이러한 최근의 기사들은 우리나라에 만연해 있는 아파트가 만약의 재난과 미래 불안한 에너지 문제에 대응할 수 있게 되어있는 가를 심각하게 생각하게 한다. 한번 건설하면 이제는 50년, 100년 수명을 생각해야 할 아

ScienceTimes **지구온도 0.6도 상승... 사람들 탓일까** 2003. 10. 11

지구 온도 낮추려면 에너지 절약이 최선

▲ 3,700m 깊이 시추공을 뚫은 남극 보스토크 기지

과연 지구온도 상승의 주범인 탄산가스는 어디서 배출되는 것일까. 바로 석탄, 석유, 도시가스 등 우리가 사용하는 에너지 사용을 통해 배출된다. 전 세계인구가 자동차 연료, 난방 등에 연간 63억 톤의 탄산가스를 배출하고 있다. 1인당 연간 1톤을 배출하는 셈이다.
기후 변화를 연구하는 과학자들은 지구가 더워지면 재앙이 올 것이라고 말한다. 극심한 가뭄이나 폭우 등 이상기후가 더 자주 발생하며, 태풍 강도나 발생빈도가 높아질 것이 분명하기 때문이다.

그런데 이보다 더 염려하는 것이 바로 해수면 상승이다...
세계의 해안지역의 상당 부분이 사라질 것이다...

그렇다면 해결책은 사람들 자신에게 있다고 볼 수 있다. 이제 지구를 보호하는 일은 바로 지구 구성원 개개인이 평소 에너지 절약을 생활화하는 구체적 실천에서 시작된다. 어쩌면 이것이 '지구호'를 지킬 유일한 대안일지 모른다.

파트 들이 단기적, 중기적, 장기적 변화와 불안에 대응하도록 설계되어 있지 않다면 이러한 건물의 지속가능한 가치가 없다고 할 수 있을 것이다. 과연 화재가 발생하였을 때 거주자가 안전하게 대피할 수 있는지, 태풍이 있어도 피해를 줄이고 심리적 불안감을 경감시킬 수 있게 되어 있는지, 에너지 수입에 문제가 생겼을 때 과연 일상생활을 얼마나 유지할 수 있는 환경이 될 수 있는지, 보이지 않는 독가스실에서 삶의 질을 성취한 듯 살고 있는 것은 아닌지, 이제는 단기적, 외형적, 일시적으로 소비자의 관심과 눈을 끌 것이 아니라 진정한 주거의 모습을 그리면서 설계에 임해야 할 것이다. 일예로 에너지 사용을 효율적으로 할 수 있는 방안을 개발하는 과정에서 아래의 기사로부터 영감을 얻을 수도 있을 것이다. 이러한 창의적 사고의 교류를 통해 생태계 에너지 문제를 지혜롭게 풀어간 공간 설계를 기대해 볼 수는 없는 것일까.

만약 기사에서 소개한 치료로봇처럼 우리가 필요로 하는 부위만 적정할 때 에너지를 사용할 수 있는 주거공간으로 설계된다면 우리가 불안해하는 에너지 문제의 심각성을 크게 줄일 수도 있을 것이다. 이는 쉽게 우리가 늘 사용하는 냉장고의 예제를 보더라도 알 수 있다. 이전의 냉장고 경우 큰 문은 그 안의 작은 것 하나 꺼내더라도 열게 되어있음으로서 에너지를 낭비하고 여는데 무거운 느낌을 들게 하며, 저장된 다른 식품의 신선도를 떨어뜨리게 되어있다. 이에 비해, 최근 유니버설 디자인 개념으로 전면에 미니도어가 있는 냉장고는 자주 사용하는 쥬스나 물 등을 작게 별도로 열어 쉽게 접근하게 해 줌으로써 에너지 소모를 줄이고 가벼우며 다른 식품의 신선도를 유지시켜주는 데 공헌한다. 이러한 의학적 예제나 작은 생활제품인 냉장고 예제처럼 주택이 필요시 융통성 있게 지혜롭게 에너지를 소모하게 되어있다면 건물 에너지에 소모되는 에너지의 상당부분을 절약할 수 있을 것이다.

우리가 처한 상황에서 가장 문제가 되는 것은 위험의식이 마비될 정도로 와 있다는 사실 외에 '생태성'을 회복하는데 필요한 정보가 질적으로 양적으로 또 체계적으로 미비하다는 점과, 단편적 정보가 있어도 총체적으로 평가할 수 있는 시각이 부족하다는 점과, 그간 경직되어온 사회에서 창의적 경험을 할 수 있는 기회가 미비하였다는 점이라 할 수 있다. 이제 보다 생태적으로 살아있는 지속가능한 주택을 만들기 위해서는 비록 정보와 경험이 부족하지만 현재를 직시하고 문제가 무엇인지를 생각하는 시간과 여유를 갖고 계획과 설계와 디자인에 임한다면 보다 나은 미래주거공간을 창조할 수 있을 것이다.

그림 11
나라를 막론하고 화재 등 재난 시 대피할 수 있는 안전에 대한 전략은 제한적이나 중요하게 시도되어 왔다. 이 노르웨이 주택은 뒷베란다를 연속적으로 가구간 연결하여 비상 대기 통로로서의 기능을 하게 하였다. 또한 오늘날 많은 아파트들의 전면 발코니는 비상 대기 통로로 설계된다고 간주되나 가구간 폐쇄적으로 사용함으로써 실질적인 기능은 상실하고 있다.

이러한 시각에서 우리가 우리사회 주거규범이 되고 있는 아파트 환경이 어떤 것인가를 생각해볼 수 있을 것이며, 그것을 열거해봄으로써 생태적 디자인에 대한 창의적 사고를 발전시켜 나갈 수 있을 것이다.

- 한국의 현재 500만이 넘는 아파트에서 화재 등 재난 발생시 안전하게 대피할 수 있는 지속가능한 가치를 지니고 있는 아파트가 과연 있는가
- 수만가지 어쩌면 수십만가지 유해 화학물질로부터 안전하게 숨쉬고 살 수 있게 되어 있는가.
- 가족구성이 변하고 자녀들이 자람에 따라 방의 크기와 개수 등 융통성 있게 건설쓰레기는 내지 않는 방법으로 조절할 수 있는가
- 문을 닫고서도 환기설비를 이용하지 않더라도 신선한 자연공기가 들어올 수 있는가
- 온도를 높이지 않고도 자체에너지를 보유하여 난방에너지를 줄일 수 있는 아파트는 있는가
- 에어콘을 켜지 않더라도 더운 날씨에 적응할 수 있는 아파트는 있는가
- 집안의 곳곳에 사용되지 않아 사장되어 있는 공간을 유용하게 사용할 수 있게 된 아파트는 있는가
- 수도공급이 일시 중단되어도 당황하지 않고 물을 저장해서 쓸 수 있게 된 아파트는 있는가
- 욕실습기와 보이거나 보이지 않는 곰팡이들을 걱정할 필요가 없게 된 아파트는 있는가
- 획일적인 온도로 인해 인간의 생리적인 다이나믹스를 저해시키지 않도록 온도 조절이 공간별로 자연스럽게 달라질 수 있게 되어 있는가
- 정전이라도 고층에서 안전하게 오르고 내릴 수 있게 되어 있는가.
- 쓰레기가 각 집에서 적게 나갈 수 있게 되어 있는가.
- 쓰레기처리가 보다 쉽게 될 수 있게 되어 있는가.
- 실내습도를 인공적 설비와 기기에 의존하지 않게 되어 있는가.
- 집안 구석구석 보이지 않는 먼지를 흡착해서 진드기 등 세균이 줄어들게 해 줄 수 있는가.
- 기후나 온도변화에 유연하게 대처할 수 있게 되어 있는가.
- 가전제품이 뿜어내는 화학적 유해물질로부터 안전할 수 있도록 되어 있는가.
- 다양한 거주자의 삶을 수용할 수 있게 되어 있어 생활가치가 높게 되어 있는가.

- 식품보관이 보다 쉽게 되고 식품구매 등이 낭비 없이 제대로 될 수 있게 할 수도 있는가.
- 에너지를 덜 소모하도록 조명계획이 되어 있는가.
- 집안에 오래 있는 어린이와 노인에게 건강하고 활력을 주는 계획이 되어 있는가.
- 전기설비를 사용하지 않더라도 냄새를 제거해 주는 방법이 되어 있는가.
- 집안의 많은 다양한 생활재들을 일목요연하게 수납하고 사용할 수 있게 되어 있는가.
- 발코니를 수납과 생활공간으로 확장하지 않고 옥외 신선한 공기와 식물을 접할 수 있게 정원이 계 획되어 있는가.
- 문은 꽉꽉 닫고 살지 않아도 온기를 느끼며 살게 될 수는 없을까.
- 침실에서 볼 수 있는 전경이 빨래가 널린 발코니가 아닐 수는 없을까.
- 정원을 꾸밀 수 있도록 효율적으로 배관, 수도시설이 갖추어져 있는가.
- 빨래를 시원하고 냄새나지 않게 말릴 수 있을까.
- 제한된 주거공간이 다양하고 복합적인 생활행위를 수용함으로써 살아볼수록 공간의 가치를 느끼면서 살 수 있을까.
- 에너지 사용용량을 즉시즉시 알게 하여 절약생활양식을 유도하는 방법은 없을까.
- 콘크리트나 테라조 바닥보다는 감각이 전달되고 느껴지는 바닥을 밟게 될 수는 없을까.
- 돈을 거의 들이지 않고도 주거공간을 변경해 볼 수 있게도 설계되어 있는가.
- 필요에 따라 다른 설비 기구 등을 쉽게 부가 설치할 수 있게 되어 있는가.
- 자녀가 자유롭게 놀아도 이웃에 신경쓰이지 않게 할 수는 없는가.
- 곳곳에서 은연 중 자연을 접하게 될 수는 없는가.
- 옥외 소음으로부터 편안할 수 있게 할 수는 없는가.

이렇듯 수많은 생태적 의문이 많은 현대주택을 앞으로의 발전을 위해 예상되는 시행착오를 줄이고, 보다 지혜롭게 접근하기 위해서는 여태까지 우리가 알아온 지식을 수정해야 할 필요성이 있으며 새로운 개념적 접근과 모델을 시도해야 한다는 최근의 시각을 소개하고 이해할 필요가 있다.

지속가능한 발전을 위한 기업자문회(Business Council for Sustainable Development)에서 '생태적 효율성(Eco-Efficiency)'의 중요성에 대한

예견을 "보다 적은 자원을 사용하고 오염물질을 덜 배출하면서 제품이나 서비스에 더 많은 가치를 부가하는 생태적 효율성을 갖추지 못한다면 그 기업은 10년 이내에 경쟁력을 상실할 것"이라 한 이후, 3P 프로그램(Pollution Pays Program)이 시작하였으며 이는 곧 3R 슬로건(Reduce 쓰레기를 줄이고 Reuse 재활용하고 Recycle 재생하기)으로 발전하였다. 이는 이후 Regulate가 추가되어 4R (Reduce, Reuse, Recycle, Regulate)로 발전하였는데, 얼핏 보면 규제는 생태성을 높여줄 것 같으나 실상 Regulate는 해를 끼칠 수 있는 면허로서 질병과 파괴, 죽음을 납득할 만한 수준으로 조절하기 위해 정부가 발행하고 있는 허가증이라는 비판도 받게 되었다. 이러한 과정에서 재생이란 무조건 환경친화적으로 오인되어 왔으며, 최근에야 재생에 대한 의문이 화두로 커지고 있다. 즉, 재생은 재생과정에서 또 다른 에너지를 소모하고 폐기물을 발생시키며 화학적 부가물질을 첨가하게 됨으로써 결국 퇴생하게 된다는 관점이다. 이는 결국 환경과 제품을 디자인 할 때부터 통합적인 시각으로 환경친화성을 부여해야 하는 중요성을 얘기하기도 한다.

한편, 우리가 추구해온 생태적 효율성(Eco-Efficiency)이 공기가 통하지 않고, 형광등 불빛이 비추는 회색 칸막이로 둘러싸인 잘 막혀진 에너지 효율적인 공간을 지칭하는 것이라면, 생태적 효과성(Eco-Effectiveness)은 햇빛이 비추어지고 신선한 공기가 넘쳐흐르며 자연경관이 눈앞에 펼쳐지고, 일하고 식사하고 이야기 나누기 좋은 공간 즉, 에너지를 자연적으로 덜 소모하고 유기체인 인간의 건강을 지켜주는 공간을 지칭하는 것이 된다. 이는 나쁜 것을 조금 덜 나쁘게 만드는 것이 아니라, 올바른 제품과 올바른 서비스, 올바른 시스템을 실행하는 것이 결국 지구 생태계의 문제를 해결하고 경감해 나가는 방법임을 말해준다.

오늘날 현대아파트에서 전략적으로 생태적 시스템이라는 명목하에 시도하고 있는 특성은 아래와 같이 다양하다. 그러나 이것이 얼마나 생태적 효율성을 지니고 있는지, 더욱이 생태적 효과성이 있는지를 바로 아는 것이 중요하며 이제 시작일 뿐, 그 올바른 발전을 지속적으로 모색할 필요가 있다.

한편 우리의 아파트가 과연 다가오고 이미 시작한 거대한 인구구성과 가족구성형태변화에 적절히 대응될 수 있는 것인지 특히 고령화 사회의 위기에 대처할 수 있는 지 심각히 우려된다. 뿐만 아니라 디지털 정보사회는 이런 시대 생활방식에 큰 변화를 초래하여 오늘날 주거에서의 행위를 복합적

표 1
오늘날 현대아파트에서 친환경적 시스템으로 시도되고 있는 특성들

중앙정수 처리 시스템	부스터 방식 급수 시스템	부식 방지 급수 배관재
전세대 감압 밸브 설치	신발장 내부 환기구	음식물 쓰레기 탈수기
AOP식 중앙 정수 시스템	부스터 방식 급수 시스템	절수형 방식 급수 시스템
인공지능 주방 배기	세대내 개별 정수기	음식 건조기
산소 발생 시스템	로이 복층 유리	중앙 집진 진공 청소 시스템
전자식 싱크대 절수 버튼	실내환기 시스템	천연 페인트
소음 절감 양변기	환경벽지	바이오 맥반석 몰탈
절수형 페달밸브	음식물쓰레기 탈수기	자동 환기설비
환경페인트	원격검침 시스템	일괄소등 시스템
부스터 펌프 시스템	DPH 공법	절수형 양변기
각방 온도조절 시스템	자동환기시스템	실별 온도 제어 시스템
바디샤워기	바이오 몰탈시공(안방바닥)	개별정수기
비데(부부욕실)	처단 멀티 에어컨	냉매 배관3개소
2단계 복합정수 시스템(중앙수처리 + 개별정수기)		

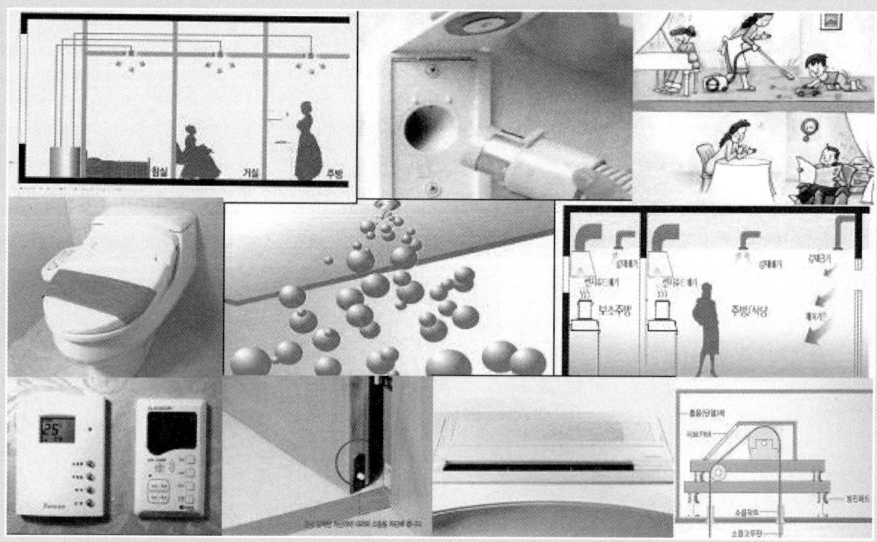

그림 12
최근 개발된 전략적 아파트들에서 친환경적 시스템으로 시도되고 있는 특성들이다. 에너지절감, 소음절감, 중앙집진시스템, 공기청정시스템 등이다.

으로 만들어 놓았다. 이렇듯 미래사회 다양성에 대한 요구가 큰 것에 비해 오늘날의 획일적인 아파트는 과연 삶의 질에 적절히 대응할 수 있는지 크게 의문이라 할 수 있다.

그림 13
기존의 주생활행위 즉 양육, 식사, 취침, 휴식, 대화(가족단란)등의 행위는 주택으로부터 보다 다양한 환경으로 분산되고 있으며, 동시에 주거행위를 수용해오던 주택은 근무, 치유/간병, 교육, 쇼핑, 여가 등 새로운 행위들을 받아들이는 복합공간으로 변할것이다.

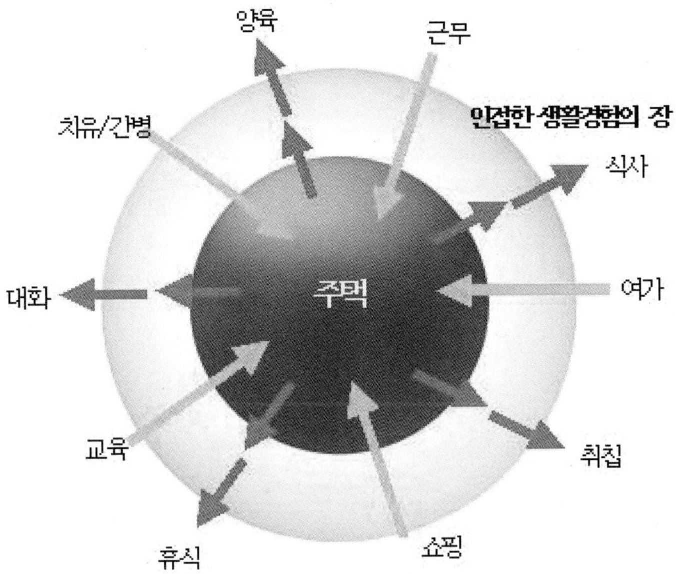

그림 14
2000년까지 25년간 가구원 수별 일반가구의 변화를 보여주는 것으로 5, 6인 가구는 급격히 줄고 1, 2인 가구가 지속적으로 커져가고 있음을 보여준다.
이는 앞으로의 주택이 이러한 변화를 수용하여야 건강하고 지속가능한 주택이 될수 있음을 암시한다.

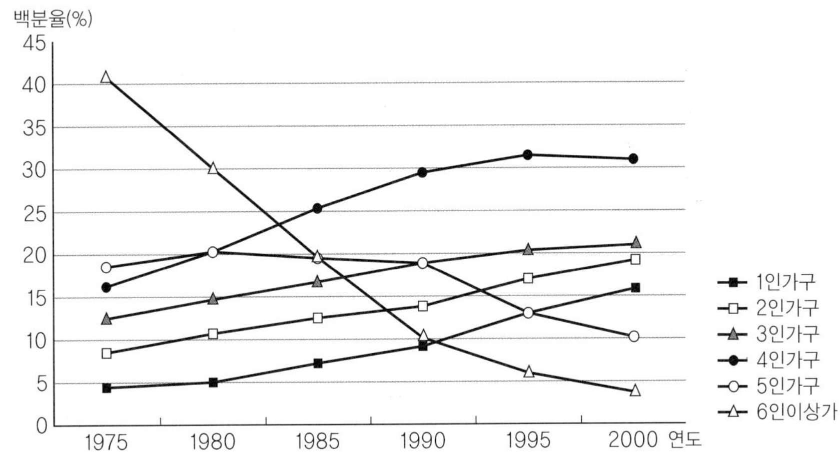

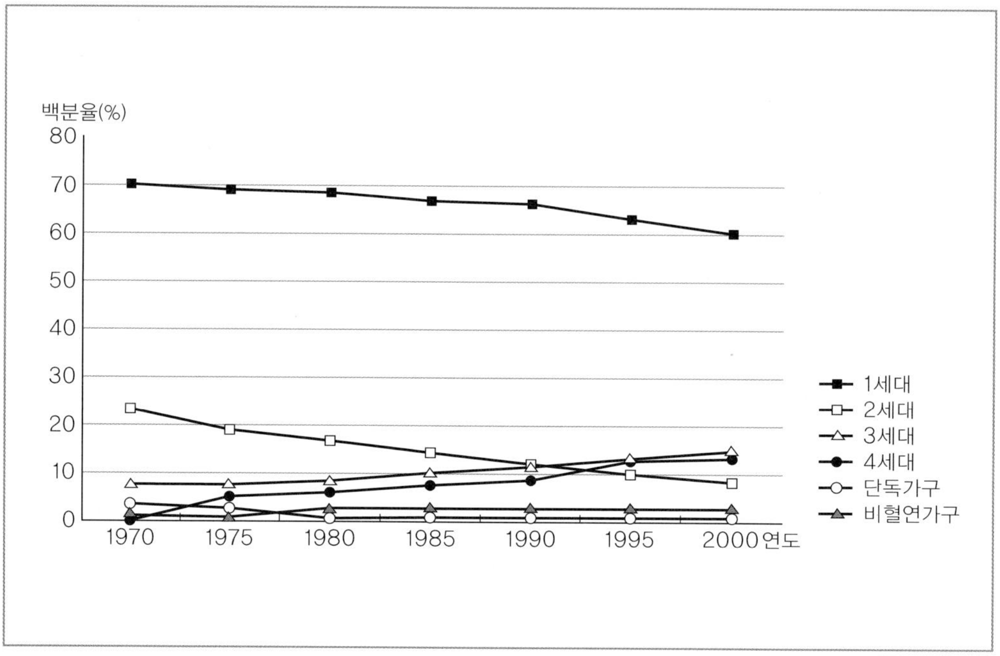

그림 15
세대 구성별 가구 수의 변화 비율

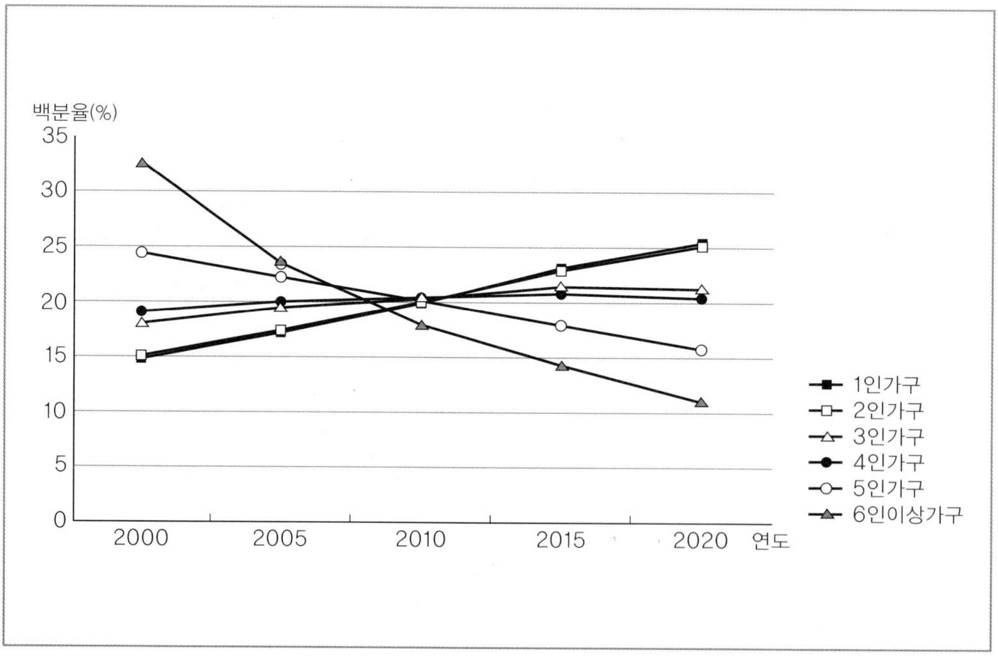

그림 16
가구원 수별 가구 수 전망 비율

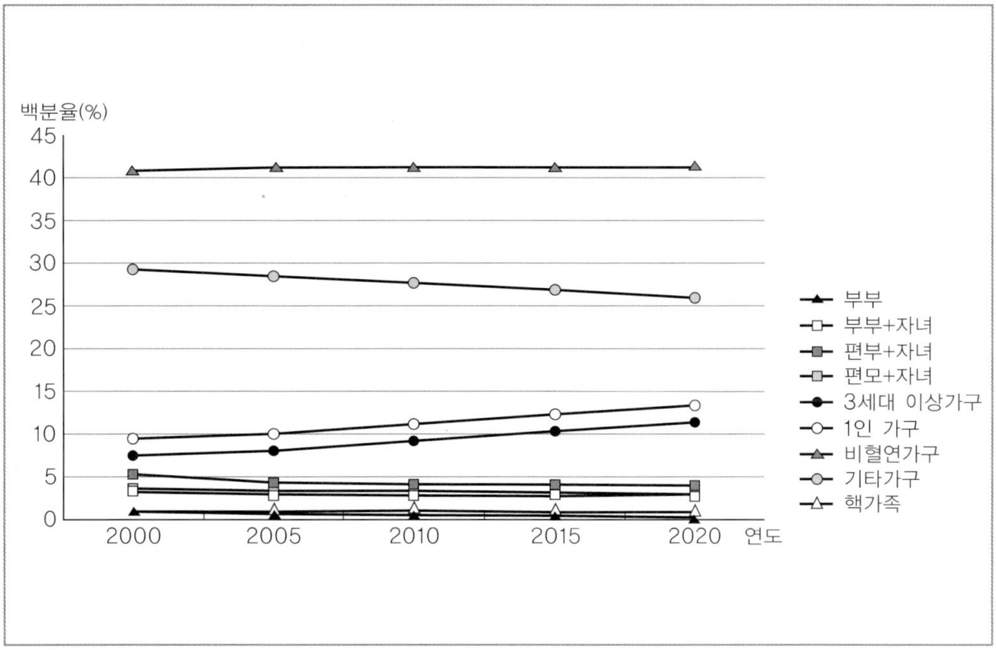

그림 17
세대 구성별 가구원 수 전망 비율

1995년부터 2000년까지 가구원 수별 일반가구의 추이비율을 보면 6인 이상 가구는 그 비율이 급격하게 감소하고 있으며 5인 가구도 1990년을 시점으로하여 급감하고 있다. 반면 1인-4인 가구는 그 비율이 지속적으로 증가하고 있다. 특히 1인 가구와 2인 가구는 그 증가폭이 매우 크다. 세대 구성별 변화 비율을 보면 2세대, 3세대 가구는 조금씩 감소하는 한편 1세대 가구와 단독가구가 증가하는 양상을 보인다. 또한 2020년까지 가구원 수별 가구수를 전망해보면 1인 2인 가구는 높은 증가세를 보이고 3인 4인 가구는 완만한 증가추세를 보인다. 세대구성별 가구원 수 전망비율을 보면 부부와 1인 가구의 증가는 향후 20년간 전체가구증가의 약 46%정도를 차지할 것으로 예상된다. 이같은 추이와 전망은 미래주택에 거주할 가족들의 형태가 다양하게 분산되어있을 것임을 암시하며 아울러 가족형태가 달라지면서 변화할 생활양식의 범위가 적지 않게 넓으리라 예상할 수 있다. 이러한 변화에 적응하려면 주택은 다양한 상황을 융통성 있게 수용할 수 있는 가변성이 크거나 포용력이 큰 주택개념으로 접근할 수 밖에 없음을 암시한다. 획일화에 젖어온 우리나라 아파트가 이에 대처해나가기 위해서는 적지 않은 시행착오와 노력이 소요될 것이다.

2 친환경주택 만들기

친환경주택을 보다 서술적으로 표현한다면 어떤 주택이 될 것인가. 기존 주택이 보다 편리하고 기능적이며 안락하게 개선되는 것을 기본 전제로 하고 다른 주택과는 차별화된 성격을 지녀야 한다면 아래와 같은 주택이 될 것이다.

- 생태적 에너지가 살아있는 집
- 안전하고 내구성이 있는 집
- 그린이 생활 속에 묻혀있는 집
- 오염되는 도시환경에서 건강을 지켜줄 수 있는 집
- 적응성이 있는 오래가는 집
- 외형적 가치와 내재적 가치가 풍부한 집
- 다양한 거주자 요구에 융통성있게 대응할 수 있는 집
- 쓰레기가 덜 유발되게 하는 집
- 에너지가 덜 사용되는 집

첫째, '생태적 에너지가 살아 있는 집'이란 죽은 듯 정체되고 막혀 있는 듯한 느낌이 없이 신선하고 역동적이며 휴식적인 특성을 지닌 집을 말한

그림 18
인간이 가진 제반 감각과 감성을 신선하고 유연하게 담아내는 주택의 요건을 갖춘 생태적 공간 사례들이다. 눈에 보이지는 않지만 신선한 공기가 충만하게 유동적으로 흐르고 따스한 햇빛과 자연이 인간의 움직임을 유도하고 휴식적이며 편안하고 싱그러움을 느끼게 한다.

다. 따스한 햇빛과 신선한 바람과 아름답고 건강된 삶과 움직임과 상호작용이 존재하는 집이 될 것이다.

둘째, '안전하고 내구성이 있는 집'이란 일상생활에서 다치거나 범죄대상이 되지 않게 안전하고 또 화재등과 같은 재해로부터 구조 받을 수 있는 안전하고 튼튼한 집을 말한다. 어린이와 노약자들까지도 쉽게 피난할 수 있고 사고의 위험이 줄어들도록 바닥차를 없애거나 손잡이를 하는 등의 배려가 되어 있는 집이 될 것이다.

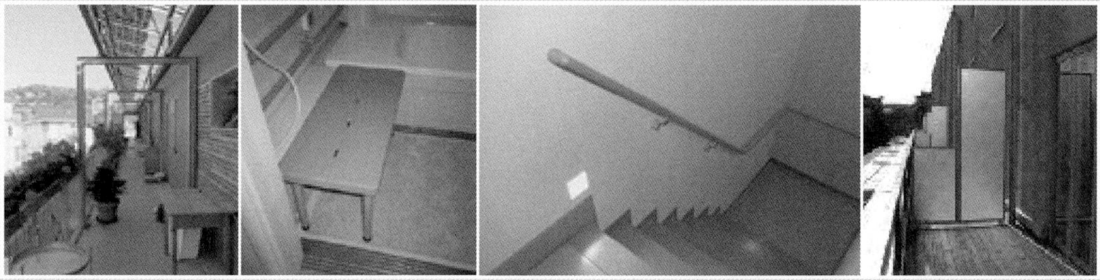

그림 19
다양한 세대의 거주자들이 서로 어울려 사는 주거단지 내에 노약자들이 보호되고 거주하는 노인 주택군이 들어와 함께 지역사회 내에 살게 계획되어 있는 주택이다. 노인주거의 공동발코니에는 화재 등 비상시 이들이 쉽게 구조될 수 있는 별도의 계단이 노출형으로 설치되어 있다. 또한 각 가구 간에 영역성만 표시한 전면 발코니가 있는 공동주택도 마찬가지로 화재 등 위험에 대피할 수 있는 통로가 된다. 노화가 진전되면 이동과 움직임이 불안해져 안전에 위협을 받을 수 있다. 욕조에 앉아서 들어가도록 도와주는 벤치, 계단조명 등 거주자의 안전을 보장하고 지켜줄 수 있는 다양한 측면들은 주택내 지속가능한 가치를 높여준다.

셋째, '오염되는 도시환경에서 건강을 지켜줄 수 있는 집'이란 유해자극이 많은 전반적인 도시환경으로부터 안심하고 심신의 건강을 맡길 수 있고, 피곤에 지쳐 무기력하게 되어 있는 삶에 활력을 부어넣도록 감각과 운동을 자극하는 주거환경을 말한다. 신선한 공기, 박테리아가 생기지 않는 깨끗한 실내와 재료, 정신적 휴양도 주는 자연, 안전하게 돌아다닐 수 있고 움직임을 자극하는 공간의 크기, 동선 등이 배려되어 있는 집이 될 것이다.

그림 20
사람의 움직임을 지원하고 자극하는 공간의 크기, 규모, 바닥재료, 신선한 공기를 기분 좋고 편안하게 유입시키는 창문, 그리고 시각을 즐겁게 해주는 식물 화분을 얹을 수 있는 창문턱의 폭, 사우나를 하면서도 바깥 전경과 자녀들의 놀이를 지켜볼 수 있는 욕실, 곰팡이가 끼지 않고 유지관리가 쉬운 설비들로 깨끗이 갖추어진 욕실, 운동을 할 수 있는 정원, 자연친화적 재료 등은 각종 오염과 스트레스가 많은 현대사회에서 우리의 건강을 지켜줄 수 있는 생태적 디자인 요건들이다.

넷째, '그린이 생활 속에 묻혀 있는 집' 이란 자연으로부터 멀어지고 인위적인 조각같은 멋이 아닌 정신과 마음을 치유하고 신체를 살아있게 하는 자연조경이 존재하는 집을 말한다. 창문으로 보이는 자연, 베란다에 있는 식물, 실내정원, 창가의 화분 등 어느 곳이든지 쉽게 자연을 접할 수 있게 되어있는 집이 될 것이다.

그림 21
식당과 거실로 자연스럽게 들어오는 외부자연조경, 그리고 실내식당에서 연결된 옥외 식당공간 주변으로 둘러싸인 조경, 꽃과 식물들을 통해 자연의 변화를 느끼고 시각적 촉각적 후각적 즐거움을 맛볼 수 있는 작은 정원 등 어떤 형태로 우리의 생활주변에 자연조경 있게 하는 것은 인간다운 감성을 순화시킬 수 있는 생태적 디자인 요건이 된다.

다섯째, '적응성이 있는 오래가는 집' 이란 인간의 생애주기가 변함에 따라 사는 방식에 있어 상황이 변함에 따라 융통성 있게 이를 포용할 수 있게 되어있는 집이다. 노화에 따라 기능을 보완해 주기위해 보조 손잡이와 변기 사용시 보조대를 설치할 수 있거나 휠체어를 타기위해 폭을 넓힐 수 있는 문 등 추가변경을 할 수도 있으며, 애초 디자인할 때부터 이러한 예상되는 문제를 수용할 수 있도록 한 집이 될 것이다.

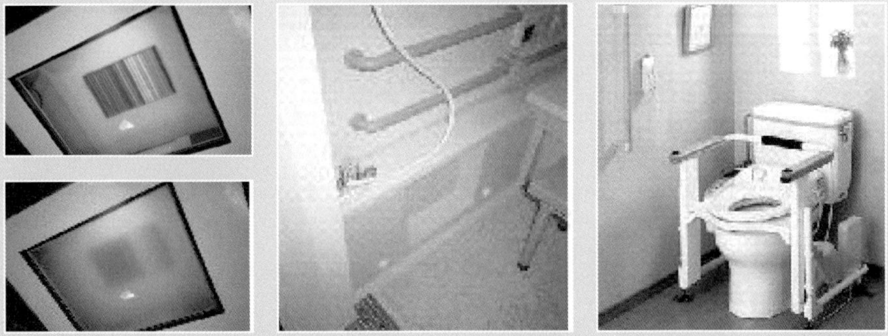

그림 22
시력 특히 백내장 등으로 달라지는 시각적 형상을 보여주며 와상노인이나 아프게 되었을 때 간호 간병인과 환자의 일상생활을 보다 수월하게 지원해 줄 수 있는 공간적 크기와 인접공간과의 관계, 휠체어 등 이동보조기구를 사용하게 될 때도 출입을 가능하게 하는 문의 형태, 변기 사용시 필요한 손잡이 설치, 앉아서도 사용할 수 있는 세면대 등 삶의 변화에 따라 필요하게 되는 공간적 설계적 요건들이 미리 배려되어 있는 것은 주택의 지속가능성을 높이는 요건이 된다.

여섯째, '외형적 가치와 내재적 가치가 풍부한 집' 이란 보여서 매력적이고 아름다워 즉흥적으로 가치를 느낄 수 있는 집일 뿐 아니라, 살아가면서 또 살아갈수록 인간의 생활을 지원하는 기능이 높게 인지되어 가치가 인식되는 집이다. 각자가 가진 지나간 세월과 추억에 연결되어 있는 많은 생활재들과 사회변화로 새롭게 쓰이게 되는 생활재가 모두 잘 수용될 수 있고 예민하고 무력해져가는 노화단계에서 삶의 가치를 느끼게 해주는 정교히 계획이 되어 있는 주택이 될 것이다.

일곱째, '다양한 거주자 요구에 융통성있게 대응할 수 있는 집' 이란 다양성의 현대 사회에서 가족의 인구 구성적 특성도 다양하고 같은 구성과 연령일 지라도 다양한 개성과 생활양식을 가진 현대 거주자들의 요구에 융통성있게 대처할 수 있는 유연하고 가변적 특성을 지닌 집을 말한다. 가변

그림 23
삶이 위축되는 노년기에 인간관계와 사회적 활동이 지속적으로 일어나게 제공된 노인주거 공동공간, 이동장애가 있어도 외부와 쉽게 교류하도록 이를 수용하는 편리한 현관, 과거연상과 추억을 간직하고 즐길 수 있게 형성된 실내가구설비들, 익숙한 지역사회에 열려 있어 친근감과 심리적 안정성을 주는 창문 등 이 모든 것이 살아갈수록 인간의 살점처럼 하나로 통합되어 나의 연장이라는 느낌을 주는 환경요소들은 주택의 지속가능성을 높이는 요건이 된다.

형 구조, 선택의 가능성, 다양하게 변화하는 평면, 거주자가 참여하여 창조할 수 있는 부분을 지닌 주택이 될 것이다.

여덟째, '쓰레기를 덜 유발되게 하는 집'이란 우선 쓰레기가 덜 발생하고 쓰레기를 쉽게 처리 관리하며, 재활용하기 쉽게 해주는 집을 말한다. 정리와 사용이 쉬운 수납체계, 쓰레기 분리수거시설, 분해시설, 집안의 식품과 생활재 재고를 알려주는 디지털 테크놀로지, 안쓰고 사장되어 그 자체가 쓰레기나 다름없이 되어가는 물건들을 적절히 쉽게 인식하고 쓸 수 있도록 해주는 가구 및 공간계획이 된 주택이 될 것이다.

아홉째, '에너지가 덜 사용되는 집'이란 무한 대체에너지를 사용하거나 석유, 전기, 수도 등 에너지와 자원을 절약할 수 있는 집을 말한다. 태양열 집열판을 사용하고 지구열을 이용한다거나, 인공 설비보다는 자연 환기가 잘 되는 설계 에너지 부하가 적은 설비, 가전기기, 단열 및 보온효과가 높은 재료, 외부열 차단 효과가 높게 특히 외부에 설치된 셔터, 등을 사용한 주택이 될 것이다.

그림 24

다양성과 개방성의 대표적 도시로 알려진 네덜란드 암스테르담 신도시지역 주택과 미국 샌프란시스코 해변가의 주택들이다. 하나하나의 주택마다 그 입면에서 개성을 느낄 수 있게 계획되고 건설되었다. 또한 한국노인을 위한 단독주택의 내부전경을 기후에 따라, 방문가족에 따라, 가족행사에 따라 다양한 상황에 유연하게 대처할 수 있도록 디자인되어 있다.

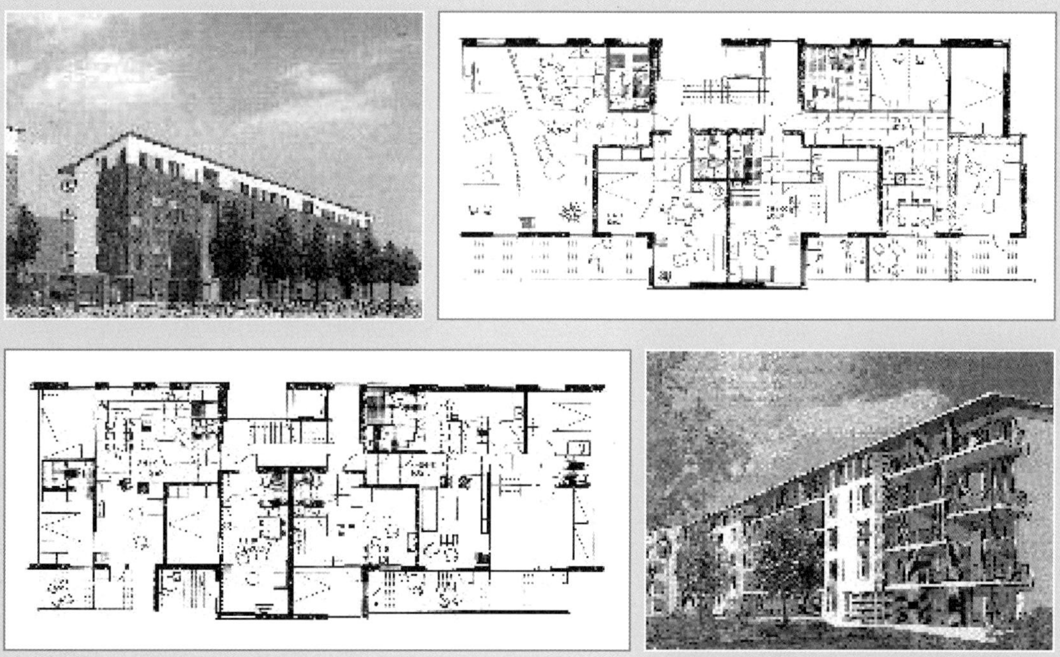

그림 25

핀란드는 다양한 가족들이 각자의 요구와 개성에 따라 주거평면을 선택할 수 있는 Mass Customization을 발전시키고 있다. 핀란드의 저명 건축가 Kabri와 헬싱키 공과대학에서 설계한 가변형 주택이다. 평면도에서 보이듯이 여러 다양한 평형이 섞여있고 같은 평형이라도 각 가족구성별 원하는 설계를 할 수 있으며 이로 인해 각자 고유한 집을 갖게되는 결과를 보인다.

그림 26
물건을 잘 정리하여 쉽게 볼 수 있게 되어 있는 수납설계는 불필요한 것을 다시 사거나 있는 물건이 사용되지 않고 사장되게 하는 것을 막아줌으로써 누적될 수 있는 쓰레기를 덜 유발시키게 한다. 의류 등 생활재의 활용을 보다 쉽게 해주는 시설은 또한 공간 활용의 가치를 높인다.

그림 27
계절과 외부날씨에 따라 융통성있게 선택해서 사용할 수 있는 세탁설비가 한 곳에 마련되어 있어 에너지를 절감할 수 있게 한다. 여분의 욕실에 샤워부스와 세면대가 있고, 세탁기가 놓여 있고 걸어서 말릴 수 있는 건조기와 햇볕에 말릴 수 있는 건조대가 있다. 이 욕실은 뒤쪽 뜰로 연결되게 열려 있어 햇볕과 통풍이 가능하다. 단열 및 보온효과가 높은 재료, 다양한 색으로 개발되어 아름답기까지한 투명태양열 집진셀(photovoltaik cell) 등은 건물의 에너지 낭비를 줄이고 무공해 환경을 만드는데 기여한다.

이상의 9가지 생태주택의 성격은 주로 생태적 개념과 연관지어보면 다음과 같다.

이러한 9가지 성격은 각각의 주택이 가질 수 있어야 한다는 것이 아니라 하나의 주택이 만들어질때 모두 혹은 최소한 몇가지는 복합적으로 지닐 수 있는 성격이다. 이러한 복합적 성격을 지닌 사례로 노르웨이의 생태주거단지, 일본의 next21, 핀란드의 가변형 주택 등 각 국의 특성에 맞는 개발사례등이 많으며 이를 통해 도시형 아파트가 주도적인 우리의 주거 문화에 적합한 한국의 친환경생태주택의 발전을 기대해본다.

생태주택의 재성격 ＼ 주요개념	순환성	공존성	유한성
1. 생태적 에너지가 살아있는 집	○	○	
2. 안전하고 내구성이 있는 집			○
3. 그린이 생활 속에 묻혀 있는 집		○	
4. 오염되는 도시환경에서 건강을 지켜줄 수 있는 집	○	○	
5. 적응성이 잇는 오래가는 집	○		○
6. 외형저 가치와 내재적 가치가 풍부한 집	○	○	○
7. 다양한 거주자 요구에 융통성 있게 대응할 수 있는 집	○		
8. 쓰레기가 덜 유발되게 하는 집	○		
9. 에너지가 덜 사용되는 집			○

표 2
생태주택의 성격 별 강조된 생태적 주요개념

3 나오면서

흔히들 「한옥」이야말로 대표적인 생태건축 사례라고 말한다. 그리고 한편으로는 현대 주거에 「한옥」을 재현시키거나 「한옥」의 특성을 살리자는데에서는 그렇게 적극적으로 자신있게 말하는 사람들은 자주 보게되지는 않는다. 왜냐하면 「생태성」은 실로 다차원적인 국면들을 포함하고 있으며 모든 국면을 포함하고 있는 사례를 찾기가 어렵기 때문이다. 즉, 한옥에는 자연과의 친화성, 재료의 건강성, 구조적 가변성등 생태적 특성을 많이 가지고 있으나, 겨울철 난방과 에너지 사용의 비효율성 그리고 무엇보다 도시건축을 지속가능하게 해 주는데 적용되기 어려운 구조적 특성등을 동시에 가지고 있기 때문이다.

모든 문화권에서 초기역사의 주거는 지역특성을 반영한 생태적 특성을 띄고 있다는 점에서 전통 한옥만이 유일한 생태주거는 아니지만, 우리 한옥만이 지니는 생태적 고유함이 있는 것은 사실이다. 이러한 특성을 비교문화적으로 논하여 그 우수성을 생태적으로 인지하는 것이 중요하며 이와 더불어 이를 현대의 주거건축발전에 접목시키는 기술을 개발해야 할 것이다. 이것이 성공할 경우 한국의 전통에 기반한 도시형 건강생태주택의 실현도 가능할 것이다.

따스한 햇빛을 받고 적절히 가리며, 깨끗한 물과 신선한 바람을 경험하며 살게하는 곳이 건강주택을 가능하게 한다. 안전한 산책을 즐길 수 있는 경관, 여가를 보낼 수 있는 시설은 거주자를 건강하게 한다.

햇빛과 식물 조경은 생태적 삶의 기본요건으로서 유기체인 사람의 심신의 건강을 보장하는 조건이기도 하다

아파트의 발코니는 거주자가 추구할 수 있는 건강한 삶을 가장 적극적으로 실행할 수 있는 주요 장소 중 하나이다. 더욱이 우수를 받아 기후변화나 경제적 부담에도 유연하게 대처하며, 생태계 자원을 재활용함으로써 사람과 지구를 건강하게 하는데 도움이 된다.

시원한 바람이 건물사이로 늘 흐르고 싱그런 수목을 접하게 되어 있는 소극적 · 적극적 태양열 주거지역은 건강주택을 가능하게 한다.

햇볕이 가득한 거실, 밝고 따스한 발코니 복도는 거주자에게 생리적 건강과 심리적 에너지를 충만케 한다.

씽크대 위의 밝은 조명은 작업을 쉽게 해주고, 식탁 위 부드러운 조명은 감성을 자극한다.

밝은 햇볕과 대나무에 둘러싸이고 넘어져도 다칠 염려가 없는 부드러운 욕조고무재질은 건강을 더욱 지원한다. 밝은 햇빛과 헬스기구는 건강을 추구하는 거주자의 생활 양식을 엿보게 한다.

앉아서 신발을 신고 벗게 하는 벤치, 문턱이 없는 환경, 쉽게 사용하며 모서리가 부드럽게 처리된 화장실 설비 제품들은 거주자 특히 노인이나 어린이들에게 더욱 안전과 건강을 보장한다.

계단 손잡이, 조명, 소형 엘리베이터는 이동성이 부족하고 불안한 노인 거주자들에게 절대적으로 필요한 환경의 조건으로서 자립적인 안전한 삶을 가능하게 한다.

시각적으로 트여 있으며 공간이동을 자유롭게 하는 큰 공간과 무장애 환경은 거주자의 신체적 심리적 건강을 지원한다.

발코니 정원이나 옥외 데크를 이동하기 쉽도록 문턱이 없게 처리된 배려는 거주자의 건강한 자립생활을 더욱 지원한다.

바닥 차가 없는 공간, 바닥 차가 있어도 앉거나 앉아서 이동하게 해주는 좌식문화권의 공간양식은 모두 장애를 가진 노약자들에게 적절하다.

따스함과 밝은 환경을 제공하는 햇빛이 들어오게 하는 큰 복실 창문, 신선한 바람으로 위생적인 관리가 되게 하는 큰 창문은 거주자의 생리적, 심리적 건강을 도모한다.

간단한 사우나시설, 관리가 용이한 재료로 된 욕실은 건강하고 위생적인 생활을 하게 해준다.

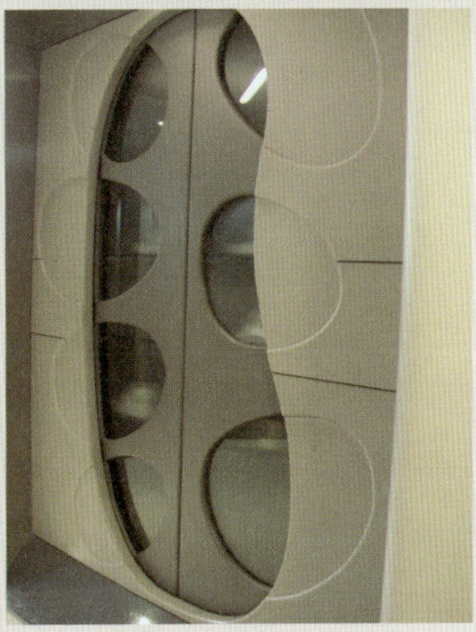

오염성분을 제거하는 에어워시, 신발의 균을 죽이는 수납시설 등은 건강한 미래주택의 요건이기도 하다.

주동건물 현관 앞의 자전거는 주민들의 자전거 이용을 편안하게 지원하고 자극함으로써 주민의 건강을 도모한다.

부드럽게 이동하며 물건을 쉽게 찾을 수 있게 하는 레일식 수납장은 피로감을 덜어주고 열기를 쉽게 하여 건강에 도움이 된다.

주거환경권 내에 있는 중국의 운동시설은 주민들의 운동 가능성을 도모하고 지원함으로써 건강에 도움이 된다.

아름답고 유머스러운 배려가 깃든 병원의 바닥재와 컬럼에 걸려 있는 곰인형, 자연을 바라보며 작업을 하게 하는 다용도실은 감성을 풍부하게 한다.

애완용동물을 위생적이며 관리가 쉽게 해주는 주택의 특성은 거주자를 더욱 건강하게 한다.

복잡하고 획일적인 건물 복도에 서로 색이 다른 바닥무늬 표시는 길 찾는데 심리적 안정을 도모한다.

주택 안에 취미작업실을 갖는다는 것은 활동과 정서를 고양시킨다.

안전하고 쉽게 보이며 자연정원에 배치된 자전거 주차공간은 자전거의 일상적 이용을 자연스럽게 자극한다.

한국인에게는 행위적으로, 심리 정서적으로 편하고 익숙한 환경이 있으며 이 특성이 건강에 도움이 된다.

일본인에게는 그들만이 즐기고 명상하는 감성적 환경특성이 존재하며 이 특성이 건강에 도움이 된다.

중국인에게는 다른 나라 사람들에게는 와 닿지 않을 수 있는 괴석이 심리 정서적 건강을 지원한다.

일본의 공간은 무장애조건과 딱딱하지 않은 다다미 바닥, 정신과 마음을 가다듬을 수 있는 장식적 코너, 그들만의 생활문화를 수용하는 독특한 특성을 지니고 있으며 이들이 일본인의 건강과도 밀접한 관계가 있다.

일본인의 좌식 목욕생활을 지원하고 넘어져 다칠 염려를 줄이도록 곡면으로 처리된 욕조는 안전을 지원하며 밝고 경쾌한 색은 마음을 즐겁게 한다.

유기적 곡선은 21세기 인의 미학적 감성이기도 하며 이 시대의 신세대들에게는 심리적 건강을 지원하기도 한다.

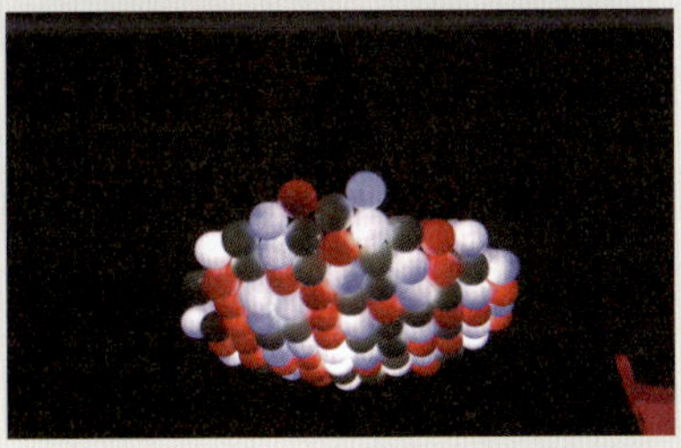

미래주택의 조명기구로 거주자의 생활양식과 감정에 따라 자동으로 변하는 감성제품이다.

누구에게나 그립고 정겨운 자연적 요소는 정서적 건강을 유도하는 좋은 특성이다.

주택의 현관과 이웃이 다니는 길거리 사이 울타리로 둘러싸인 작은 정원은 가족간의 상호작용과 이웃간의 상호작용 가능성을 높여 사회적 건강을 지원한다.

일자형 복도가 아니라 ㅁ자형 복도는 주민간의 사회적 교류를 촉진시켜 주거단지를 안전하고 활성화되게 하여 거주자의 사회적 건강을 지원한다.

식탁과 부엌 개수대가 서로 마주보게 되어 있어 대면형 사회적 커뮤니케이션을 지원하며, 공동 내부 정원에 면해있는 개개 단위주거와 정원 속의 다양한 가구배치는 주민들간 상호작용을 가능하게 하여 사회심리적 건강을 도모한다.

복도에서 일정 깊이로 들어간 개별 개방된 현관은 적절한 프라이버시와 더불어 주민간 접촉을 가능하게 하며, 아파트 1층의 열려있는 카페는 주민들의 응접실이 되기도 한다.

안방 옆에 연결되어 있고 거실로도 연결되는 작은 서재는 취침시간대가 다른 부부사이 한 사람이 불켜두고 작업할 때 초래되는 갈등을 쉽게 풀어줄 수 있는 방안이 되기도 한다. 열고, 반투명문으로 닫을 수 있고, 불투명한 문으로도 폐쇄시킬 수 있어 상황에 따라 사회적 관계를 조절하게 한다.

노부모 세대와 기혼자녀 가족세대 사이 서로 독립적으로 살면서도 원할 때 양쪽으로 빗겨 열면 서로 거실을 공유할 수 있고, 계단 윗방과 아랫방에 사는 손자아들도 식탁의 부모들도 모두 각 자리에서 즐길 수 있는 대형 TV 스크린이 설치되어 있어 늘 상호교류가 가능하게 한다.

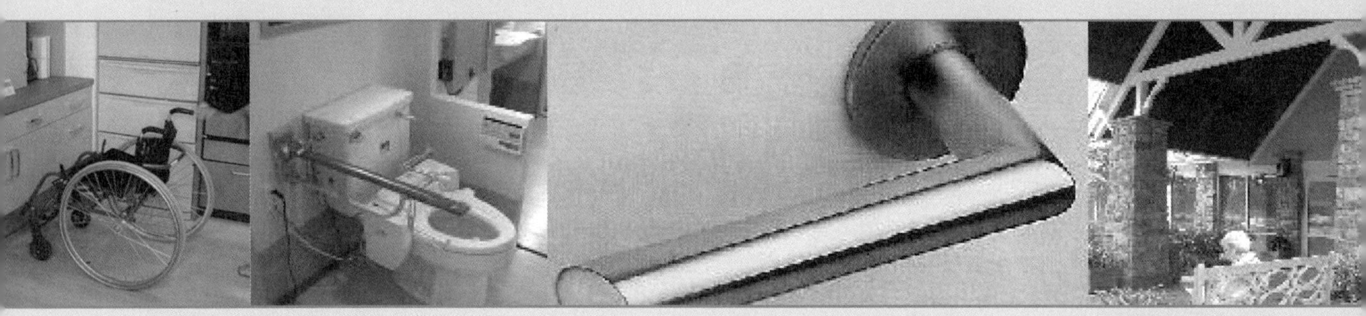

제2부
고령화시대의 건강주택

3 노인복지를 위한 하드웨어와 소프트 웨어

1 들어가면서

1995년 풀브라이트 교환교수로 '노인주택' 연구를 하기 위해 미국에 갔을 때, 그 대학교의 한 영문학을 가르치는 원로교수가 본인을 꼭 만나고 싶다고 하여 궁금증 끝에 만나게 되었다. 그 교수는 자리에 앉자마자 '내가 듣기로 당신은 노인주택 연구를 하기 위해 미국에 왔다고 들었는데 맞느냐' 고 했다. 그렇다고 했더니 정색을 하며 우려의 눈빛으로 "그래서 만나자고 하였는데 미국의 노인복지정책 특히, 노인주거시설과 이에 대한 미국사회의 분위기를 직간접적으로 체험하고 있으며 내 스스로 이 문제에 봉착해 있는 사람으로서, 윤리적으로도 당신을 만나 꼭 확인하고 들려주고 싶은 조언이 있기 때문이었다. 왜 미국에 노인주택을 연구하러 왔느냐?" 고 물었다. 나는 '우리 한국은 노인문제가 사회적으로 곪아가고 있는데도 치료할 생각보다는 보이지 않게 붕대로 덮어버리려는 것 같다. 즉, 예방은 말할 것도 없고 치료할 수 있는 효율적인 방안을 제시하지도 사회적으로 육성하지도 못하고 있는 실정이어서, 선진국들에서 노력해온 경험들의 산물을 직접 보고 느끼고 싶어서 왔다." 고 하였다. 그랬더니 "그렇다면 당신은 미국을 잘못 선택하였다. 이 나라는 노인복지- 의료- 주택정책에 실패하였고 그 결과로 지금 현재 엄청난 사회적 긴장을 초래하고 있다."며 미국을 선택한 내게 안쓰럽고 불안해 하며 말하였다. 나는 그에 대한 대답으로 "그래서 미국을 선택한 것이다. 내가 연구하러 온 것은 미국이 경험한 시행착오와 그 결과를 직접 보고 왜 실패하였는가를 분석하고 동시에 그 발전 과정에서 축적된 환경개발 및 디자인 지식 중 유용한 것을 선별하여 배우러 왔다. 그리고 이것은 우리 사회의 중대한 이슈가 될 '노인을 위한 환경 개발' 에 시행착오를 줄이고 어떻게 하면 한국적이며 세계적인 모델을 우리의 문화적 맥락에서 개발하여 제안할 수 있을까 하는 의도로 미국을 선택하였다."고 하였다. 그랬더니 몹시 안도하는 표정으로 바뀌면서 한편으로 선진국시민으로서 자존심도 상하였는지 당황하며 "그랬느냐. 그렇다면 내 궁금증과 걱정이 풀렸다"고 하였다. 그리고 관심을 가져 고맙다는 인사를 한 후

같이 식사를 하는 동안 본인은 미국 노인주거시설과 복지정책에 대한 한 시민의 살아있는 얘기를 들을 수 있었다.

이 짧은 대화 경험은 본인에게 많은 생각의 기회를 주었다. 자기 나라보다 못한 국가의 교수가 혹시 미국에 와서 외형적 모습만 보고 잘못 이해하여 자기들처럼 실패하면 어떡하나 하는 말리고 싶을 정도의 우려와 함께, 그 우려를 하게 된 배경에 후진국 교수가 전문가라 해도 미국의 실상을 제대로 알지는 못할 것이라는 가정도 들어있었던 것이다. 본인이 한 대답 그대로의 목적으로 미국으로 갔으나 이 대화는 본인으로 하여금 미국이 아닌 다른 여러 나라에서의 노인주택과 시설에 대한 관심을 더욱 자극시키고 또 국가별 차이와 공통적인 성향을 스스로 현장을 느끼며 정리해 보고자 하는 의욕을 자극시켰다. 그리고 끊임없이 노인주택을 연구한다는 교수로서 세계 여러 나라의 시행착오 경험 위에, 우리는 어떻게 하면 시행착오를 피하면서 그들보다 앞서 갈 수 있는 우리사회를 위한 한국적 노인주택 모델을 제안할 것인가를 고민해 왔다. 그 후 7년간 미국의 여러 지역 및 스웨덴, 네덜란드, 덴마크, 영국, 일본 등 기회가 있는 대로 노인주택과 시설을 방문하고 거주자와 얘기도 나누며 이들 나라에서 노인을 위해 고심하며 제안해 온 시설들을 분석하여 나름대로 엮어보려 노력해 왔다. 그 과정에서 각 문화권별로 독창적으로 문제를 풀어내고 있는 전문가들을 만나게 되고 좋은 실험적 모델도 접하게 되었다. 이 중 특히, 우리나라의 노인주택과 시설 발달에 적지않은 도움과 의미를 줄 수 있는 활동을 하는 전문가들과 그 들이 실행하는 실제 사례들에 대한 정보를 우리나라 노인주택 발전에 관심이 있는 분들과 함께 공유하고 싶었다. 미국의 자이젤(Zeisel)박사는 하버드대학교에서 교수생활을 하다가 노인 환경 연구에 관심을 가지게 되고 결국 치매노인 환경연구에 몰입하게 되면서 본격적으로 치매노인시설 전문 컨설팅 회사인 허스스톤 치매 케어센터(Hearthstone Alzheimer Care Center)를 설립 -운영하면서 연구와 시설경영을 동시에 해나가고 있는 이론과 실제의 선구자적 역할을 하는 분이다. 네덜란드의 벡커(Becker) 회장은 경영학을 배경으로 노인복지시설개발을 위해 새로운 개념을 창조하여 이를 실제 실행해 온 전문가로서, 최근 하버드대학교에서도 관심을 가져 초청된 바 있으며, 네덜란드 사회적 맥락에서의 창의적 지혜가 국제적 관심을 끌고 있는 사례의 주인공이기도 하다. 일본 토야마(Toyama)박사는 건축가로서의 경력과 스웨덴에서의 노인주거시설 연구경험을 바탕으로 일본의 고령화 사회 및 문화적 배경에서 바람직한 노인주거시설 모델에 대한 오랜 연구를 해 오신 교토대학교 건축학과의 교수로서, 현재 일본 노인복지 정책변화의 소용돌이 중심에 서서 미래 방향 설정에 중추적 역할을 해 오고 있는 동시에 일본에서도 많은 사회적 관심을 받고 있는 실제 좋은 주거시설디자인 사례를 설계해 온 연구자이자 실제 전문가이다.

이 분들이 하고 있는 일들에서 본인은 우리나라 노인복지시설 방향설정과 실행에 적지않은 지혜를 얻을 수 있다고 생각한다. 그리고 미국에서의 한 원로교수가 우려한 미국의 시행착오를 그대로 따라 경험하지 않고, 선진국의 시행착오 경험 위에서 그리고 또 선진국의 노력 결과를 활용하여, 보다 앞서가는 한국적 모델을 개발할 수 있는 방안을 찾아 낼 수 있는 좋은 하나의 기회가 되리라고 믿는다.

본 고에서는 본인의 생애주기 변화에 따라 즉, 노부모를 가진 자녀로서, 시부모를 모신 며느리로서, 노화를 느끼게 되는 단계에 와 노후를 걱정하는 사람으로서, 실제로 겪어온 개인적 경험과, 노인주택을 탐구하는 연구자로의 사회적 사명감과 더불어 수행해 오던 연구경험과, 한국모형개발을 위해 세계 여러 나라의 노인주거 시설들을 현장 탐색하면서 보아온 내용들에 근거해, 우리가 현재 우리나라 노인주거시설 발전을 위해 중시해야 하는 국면들이라 생각하게 된 것을 같이 나누어 보고자 한다. 이 내용들 중에는 새로운 국면들도 있을 것이며, 이미 기존에 간간히 나와 알고 있던 사항인데 부각되지 못해 온 것도 있고, 또 전혀 새로운 방법으로 제기시킨 국면들도 있을 것이다.

2 한국의 노인복지시설 발전을 위해 필요한 사고의 전환

1. 환경디자인에 대한 사고의 전환

환경디자인 전문 분야에 대한 바른 이해와 전문성에 대한 사회적 요구는 노인복지시설을 진정한 우리사회 복지 인프라로 성장시키는데 필수 요건이다.

환경디자인이란 삶이 일어나는 장을 창조하는 것이며, 좀 더 구체적으로는 우리가 만드는 인위적 환경의 지원성을 창조하는 것이다. 이 지원성이란 곧 인위적 환경이 인간의 삶에 어떤 기회와 가능성을 주느냐 하는 본질적인 기능이라 할 수 있다. 그 범위는 도시 계획에서부터 건축, 실내디자인 그리고 산업디자인에 이르기까지 거시적 장르에서 미시적 장르까지를 포괄하는 실로 넓은 분야이다. 그렇다면 도시계획 디자인, 건축, 실내디자인은 단순히 물리적 요소를 조합하여 형상을 아름답게 만드는 분야가 아니라 도시가, 건축물이, 실내공간이 어떻게 인간의 삶을 향상시켜 줄 수 있는가를 만드는 창조적 전문분야로, 환경의 목적에 따라 그것의 사회적, 문화적, 행태적 기능과 가치를 만들어 내는 분야인 것이다.

이 환경이 노인복지와 연관이 된다면 노인복지의 제반 국면에 대한 광범위한 지식을 근거로 노인복지가 이루어지는 추상적 형상을 물리적 실체에 담아내어야 즉, 노인복지를 위한 소프트웨어가 잘 실행될 수 있는, 그리고 그것을 발전시킬 수 있는 하드웨어가 되어야 하며, 이렇게 될 때 환경디자인이 성공을 했다고 할 것이다. 그렇다면 노인을 위한 환경의 발전이 기대보다 늦어지고 우왕좌왕해 온 것은 두 측면에서의 책임이 있다고 볼 수 있다. 첫째는 환경디자인 분야 전문가들이 노인복지에 대한 총괄적이고도 구체적인 지식에 근거한 책임감 없이 고객이 원하는 대로 건물 등 물리적 실체라는 외형만 씌워 오지 않았는가 하는 것이다. 둘째는 노인복지 전문가들이 환경디자인 분야의 전문성에 대한 인식을 제대로 하고 그들과 상호작용하며 전문성을 발휘해 주도록 기대하기 보다는 대신 물리적 실체만 씌워져 오도록 요구해 오지 않았는가 하는 것이다. 이는 많은 종합복지관과 노인복지관이 그 안에서 행해지는 프로그램에 적합하게 설계되어 있지 않음으로써 다시 지어져야 한다는 사용자의 불만을 낳고 있는 데서 쉽게 알 수 있다.

진정한 도시계획가와 디자이너라면 노인 거주지역을 분리시키기 보다는 지역사회에 통합 배치시킬 것이며, 노약자가 소외되고 장애를 느끼는 도시환경을 만들지 않을 것이다. 진정한 건축가라면 노약자를 배척하기 보다는 안전하게 포용하게 할 것이며, 접근과 사용을 멀리하고 포기하게 되는 건물을 만들지 않을 것이다. 진정한 실내디자이너라면 노약자가 노화과정을 비참하게 느끼게 하기 보다는 편안한 적응을 지속적으로 하도록 해 줄 것이며, 삶의 활기를 포기하게 하고 인생을 무기력하게 느끼게 하는 공간을 만들지 않을 것이다.

노인을 위한 환경디자인 분야는 노인복지를 담아낼 그릇을 만들어 내는 전문 분야로서, 어떤 것을 담아야 하는 지를 제대로 알아야 하는 것은 기본이며, 이상적인 복지를 담아낼 수 있는 그릇을 제안할 수도 있음으로써, 환경창조가 노인복지의 방향을 좌우할 수도 있는 Social Intervention 역할도 할 수 있어야 한다. 이렇게 되기 위해서는 환경디자인 분야에 있는 전문가들이 노인복지에 대한 이해를 하기위해 더욱 노력해야 하고, 또 노인복지 분야에 있는 전문가들이 환경디자인을 제대로 이해하고 이 분야 전문가들에게 보다 강력히 그 역할과 의무를 자극시키고 요청해야 한다. 이러한 상호 격려와 책임의식만이 앞으로 이후의 지식기반 사회에서 노인 복지에 진정으로 기여하는 환경디자인 전문성을 구축하게 하는 것이며, 환경디자인을 보다 깊숙이 노인복지의 중요 차원으로 끌어들여 상호발전하는 시너지 효과를 거두게 할 것이다.

사실 우리의 도시가, 건축물이, 실내공간이, 환경디자인 분야 전문가들의 의지대로 창조되어 오기 보다는 정책가나 경제인이나 소유자들의 요구와 의지에 의해 늘 시간과 예산의 제약 속에서 속성으로 만들어 질 수 밖에 없었던 상황이었음을 인지하면, 이 분야 전문가들을 탓할 수는 없으나 어디서나 충분한 식견으로 보다 전문성 있게 일하려 한다면, 바람직한 그 방향을 얼마든지 설득시키고 제대로 나아가게 할 기회가 높아질 것이다.

노인복지의 주요 차원으로 건강, 여가, 경제를 우선적으로 다루며, 시설을 포함한 환경은 그 이후의 순서에서 논해지는 것을 종종 느낀다. 이는 노인복지학에서 늘 주요분야라기 보다는 인접 보조 분야인 것처럼 다루어져 온 사실에서도 알 수 있다. 환경이 건강, 여가, 경제에 부속되거나 후차원적인 것처럼 다루어지기 보다는 좀 더 적극적인 주요 차원에서 다루어져야 하며 나아가 건강 여가 경제를 해결하는데 그 첫 기반이 될 수도 있음을 인식할 필요가 있다.

아무리 노인복지 지역서비스가 발달하여도, 아무리 여가 프로그램이 잘 개발되었다 하여도, 아무리 의료보험서비스가 발달해도 그것을 제대로 전달될 수 없도록 도시체제나 건축 등 공간적 여건이 안 되면 복지사회로 가는 속도가 불가능하거나 느려질 것이다. 반면 미시적 차원에서 거시적 차원의 환경에 이르기까지 공간적 지원이 체계적으로 잘 분포되어 복지를 위한 공간적 인프라가 형성되어 있다면, 노인의 건강과 여가와 경제적 복지를 증진시키고 발전시킬 수 있는 구심점의 역할을 할 수 있을 것이다. 이는 그간 노인정과 노인복지회관, 노인주거시설 등이, 이미 형성된 기존 도시지역에서 얼마나 어려운 노력을 거쳐 만들어지게 되었으며, 또 이 환경이 노인복지 프로그램이 실현되고 성장할 수 있는 필요요건으로서 어떠한 역할을 하고 있는지를 보면 쉽게 느껴질 것이다.

만약 도시의 구석구석에 복지서비스를 전달할 수 있는 공간이 형성되게 도시계획이 된다면, 만약 주거단지 안에 복지서비스를 행할 수 있는 공간이 있게 된다면, 만약 건물마다 노인이 편하게 이웃과 함께 활용할 수 있는 공간이 배려된다면, 만약 모든 주택이 노약자를 포용하는 방법으로 지어진다면, 오늘 노인복지를 위해 우리가 필요 이상으로 이렇게 시간을 소모하지 않아도 될 지 모른다. 이 모든 환경이 이렇게 계획되고 디자인되지 않았기에 노인복지에 대한 제반문제가 더욱 심각하게 사회문제화되고, 또 수정되기 어렵기에 노인복지를 실행하는데 걸림돌이 되며 더욱이 수정하려고 노력하는데 우리의 에너지가 더욱 소모되고 있는 것이다.

이제 노인환경분야가 노인복지의 주요 차원으로 성장하거나 최소한 아주 적극적인 노인복지의 파트너가 되어야 한다. 노인 복지를 위해 환경은 하나의 부수적 자원이 아니라 필연적 자원이며, 복지를 펼치고 발전시키는 구심력이 되는 시작의 장이라는 것을 재인식할 필요가 있다. 노인복지서비스가 software라면 시설을 포함하는 물리적환경은 그것을 가능하게 하고 발전시켜주는 hardware가 될 것이다.

2. '집'에 대한 인식의 전환

노인을 위한 환경을 언급해오는 과정에서 우리는 '집'을 너무 간과해 왔다.

노인복지에서 시설은 주로 노인들이 기거하게 되는 주거환경이었다. 그럼에도 불구하고 이들은 노인주거환경의 한 분야로 여겨지고 불려지기보다는 수용을 전제로 하는 복지시설로 여겨져 왔고 최근에야 노인주거시설,

시설주거라 불리기 시작했다. 이는 거주자인 노인들의 삶이 펼쳐지는 주거 환경이었음에도 그들이 '집'이라는 의식으로 제공되지 못하였음을 읽을 수 있게 한다. 그러나 다행히 선진국에서 이러한 주거시설이 여러 계층에 다양하게 발달하고 그들의 삶의 질에 대한 요구 및 환경의 지원성에 대한 기대가 높아져, 이러한 주거시설들의 질이 개선되고 점점 발전하면서 '시설'보다는 '주거'로서의 기능을 되찾아가고 있다. 이는 모든 노인복지시설주거에서 '집과 같은'이라는 말이 설계나 디자인, 운영에서 핵심용어로 나타나고 있는 것을 보아도 역력하다. 이러한 관점의 변화는 단지계획과, 건축계획, 실내공간계획에 커다란 변화와 방향을 전환할 기회를 주었으며 실제 운영과 거주자의 삶을 변화시켰다. 본 고에서는 노인복지주거 시설에서의 이러한 변화를 얘기하기보다는 진정으로 잊고 있었던 차원인 일반 주택으로서의 '집'에 대한 간과현상을 이야기하고자 한다.

문화와 국가를 막론하고 전 세계적으로 90%이상의 인구가 추구하고 있는 가장 이상적인 노인복지의 방향은 'Aging in Place'(거택) 이다. 이는 노인이 시설에 가지 않고 기존에 살던 곳 즉 집과 지역에서 그대로 살고 싶어하는 것이다.

노인복지를 발전시키는 과정에서 문제성이 드러나는 분야에 관심이 쏠리다 보니 노인복지주거 시설들이 등장해 왔으며, 이것을 발전시키는 것이 마치 복지사회로 향하는 과정인 듯한 착각마저 들게 하였다. 실로 노인복지주거시설은 그 다양한 범위의 시설을 모두 포함한다 해도 전체 노인의 불과 5~10% 정도의 노인만을 대상으로 한 것이다. 이것이 중요하지 않다는 것이 아니라 이것에 관심이 쏠리면서 더욱 중요한 것을 간과해왔다는 것이다. 즉, 대부분의 노인이 집에 살며 또 앞으로 집에 그대로 살기를 원한다는 사실이다. 그렇다면 집이 중요하게 여겨져야 함에도 사실 너무나 일반적이어서, 또 그렇게 전문성을 요하는 것 같지 않아서 간과될 수도 있었을 것이다. 노인복지에서 이 Aging in place개념의 중요성과 더불어 지역사회에 통합(Integration), 정상화 (Normalization) 개념이 상당히 중시되어 왔다. 이로 인해 지역노인복지를 위한 지역사회 서비스가 발전되어야 한다고 해 왔으며, 실제 많은 서비스를 발전시켜 왔다. 그리고 재택노인들의 서비스 전달공간으로 노인복지회관과 노인정, 주간보호센터 등 제반 지역사회 시설을 발전시키고자 노력해 왔다. 이는 집이라는 것은 고정된 당연지사로 여기고, 이 집에 사는 노인에게 서비스를 전달해 줄 각종 중간

시설들에만 관심을 가져 온 것이다. 어쩌면 집의 중요성에 대해 알고 있었다 하더라도 모든 집을 개선하기에는 역부족이어서 아예 포기하였을 지도 모른다.

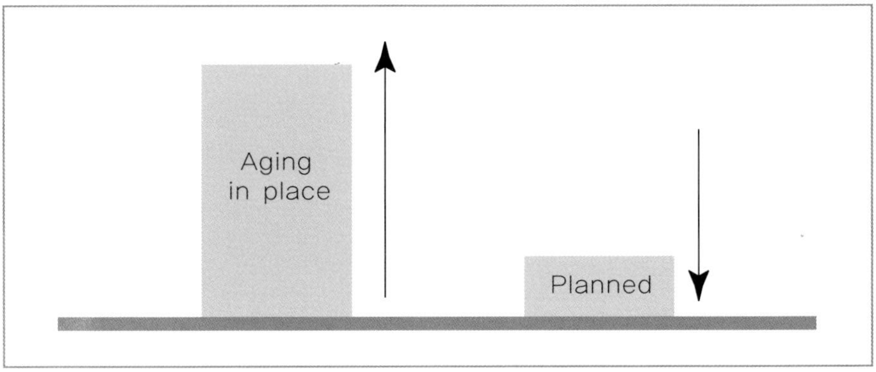

그림 1
노인주거에 대한 전반적인 전망 ⓒ 재택주거는 더욱 커져 갈 것이며 노인전용 계획주거는 더욱 그 비율이 줄어들 것이다.

Aging in place를 실현시키기 위한 세가지 유형의 물리적 조건 즉, Hardware는 지역사회의 노인주거시설, 지역노인복지서비스센터, 그리고 개개노인이 거주하고 있는 집이다. 우리는 어느 하드웨어도 제대로 개발되어 있지 못해 모두 이제 시작이라고 할 수 있으며, 지역사회내의 노인주거시설은 거의 전무하다 하여도 과언이 아니다. 상대적으로 지역노인복지 서비스센터에 관심이 집중되고 왔고, 또 발전시켜왔다. 그리고 개인이 거주하는 집에 대해서는 복지차원에서 거의 언급조차 안되었다 해도 과언이 아니다. 지역사회내의 노인주거시설 발전방향도 중요하지만 무엇보다 노인 대다수가 살고 있는 일반 주택이 제대로 노인의 생활을 지원하지 못한다면 사회문제를 더욱 심화시킬 수 있기 때문에 후자에도 관심을 더 늦지 않게 가져야 한다.

미국에서는 노인주택을 고치려 할 때 세금과 전문가 상담서비스를 제공하고, 스웨덴은 이미 70년대에 일반주택에 무장애 건축을 법제화하고, 일본이 노화현상을 무난히 수용하고 삼대이상이 함께 거주할 수 있는 주택산업을 활성화하고 있는 것은 바로 이러한 우리에게 보여지지 않는 '집'에 대한 중요성을 인지하였기 때문이다. 더욱이 최근 노인이 거주하는 주택디자인의 중요성을 인지하여 본격적으로 환경디자인계를 자극하고 고무시키는 현상들이 미국에서 나타나고 있다. 이는 최소한 노인문제가 사회적으로 긴장과 불안을 초래하지 않게 하려는 의도이며, 궁극적으로는 노인의 삶의 질을 유지시키고 증진시키고자 한 데서 비롯된 것이다.

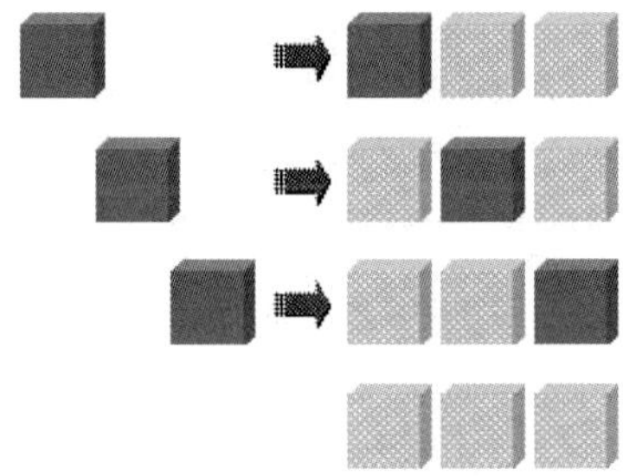

그림 2
북미에서의 노인 주거에 대한 최근의 변화©
독립, 반의존, 의존주거들이 개별적으로 존재하는 것보다 기존의 주거유형들에서는 결핍되어있던 부분은 보완되어나가는 방향으로, 새로 짓는 것에서는 모두 갖추어져 있는 CCRC 유형으로 건설되어 가고 있다.

한편 집의 중요성에 대한 인식을 할 수 있는 또 다른 사례들로 또한 노인이 이때까지 살아오던 집 혹은 익숙한 집에서 신체적, 심리적, 사회적 위기를 느끼지 않고 살 수 있도록 개발되어온 프로그램들이 있다. 여기서는 노인을 계속 살던 집에서 그대로 살게 해 주기 위해 선진국들에서 노력해 온 몇 가지 프로그램을 〈표1〉과 같이 소개하고, 이를 이후 본 고의 후반부에서 소개될 새로운 한국형 복지주택이 지닌 특성과 비교해봄으로써 이 주택의 사회복지적 측면과 사회복지를 위한 인프라로서의 잠재성을 보는 기초가 되게 하고자 한다.

노인재택이 가능 하려면 우선 집이 노화로 인한 신체, 심리, 사회적기능의 쇠퇴를 안전하게 지키고 노화에 따른 변화를 수용하여 노인생활을 더욱 지원함으로써 노인이 계속 그 집에서 머물러 살 수 있게 해주어야 한다. 이것이 개선되지 않을 때, 노인의 사고가, 이사가, 시설로의 이동이 초래될 뿐만 아니라 심리적 사회적 부적응을 초래하게 되는 것이다.

그렇다면, 우리사회의 집은 어떠한가? 고령화사회에 접어들기는 하였지만 고령사회보다 현실적 심각성이 덜 느껴지고, 복잡한 현안문제가 산재한 우리사회는 고령화사회라는 보이지 않는 거대한 물결이 오고 있는 것을 실감하지 못하게 되어 있으며, 이럼으로써 결국 일이 커졌을 때야 그때야 사회가 달구어지는 '냄비문화' 적 특성을 또 한번 드러내게 될 것이다. 한편 집을 소유하는 것에 집착해 온 우리 실정에서 집을 단기- 중기- 장기적으로 노인복지 관점에서 평가하기에는 이른 감이 있을지도 모른다. 그렇더라도 우리사회의 현재 '집'에 대해 생각해 볼 수 있다.

- 노인이 되어서 내가 계속 이 집에서 안전하고 편안하게 살 수 있을까
- 은퇴 후에도 사람들과 더불어 살 수 있을까

프로그램명	개요
부동산 활용 프로그램 (Equity Release Program)	은퇴 후 대개의 중산층 노인은 부동산은 있는데 현금이 없는 'Asset (house) rich, but cash (or income) poor' 상황에 처하게 된다. 이로 인해 주거관리비도 줄이고 생활비를 확보하기 위해 주택의 일부분을 떼어 팔거나 저당 잡히고 대여 받을 수 있는 방법이다.
주택 추가 설치 프로그램 (Echo Housing, Granny Flats)	부양을 받아야 하는 상황에 처한 노인들이 가족, 친지와 한 집 울타리 내에서 살 수 있도록, 기존의 주택부지에 별도의 조립식 주택을 심어, 그 곳에 노부모나 자녀가족이 살도록 해 주는 방법이다. 노인이 사망하게 되거나 하여 필요 없게 되면 다시 조립식 주택을 생산하였던 회사에 반납하거나 팔 수 있다.
역내 비상연락체제 (Community Alarm Systems)	노인주민이 집에서 위급한 상황에 처하게 되었을 때 이를 알리고 도움을 요청할 수 있는 프로그램으로서, 주로 인근 노인복지시설내의 시스템에 연결되어 있어 이들 서비스를 지역사회로 확대 이용하게 하는 방법이다. 상대적으로 다른 방법에 비해 쉬우며 비용이 들지 않는다.
주택관리 및 수선 프로그램 (Care and Repair programs)	노화기능이 쇠해짐에 따라 주택의 유지관리가 어려워지므로 이러한 서비스를 제공하고 또 주택의 여러 부분이 노인이 거주하기에는 안전하거나 편리하지 못한 부분이 발생하여 자립생활능력을 저하시킬 수 있기 때문에 이러한 부분을 고쳐 주는 방법이다.
계획주거 제공 프로그램 (Amenity Housing)	이는 노인의 노화기능이 저하되더라도 안전하게 살 수 있는 무장애 건축요건을 만족시키고 유지관리 요구도가 낮은 주택을 계획하여 신축하거나 개조하는 방법이다. 주로 중상층 이상의 노인들에게서 실행될 수 있는 프로그램이다.

표 1
Aging in place를 위해 부수적으로 발전해 온 프로그램

- 은퇴 후에도 경제적으로 이 집을 유지할 수 있을까
- 노인이 되어도 쉽게 관리하고 살 수 있을까
- 같이 가는 가족과 갈등이나 스트레스가 지속되지 않을까
- 동거가족의 눈치를 보지 않고 내 친구나 친척이 방문할 수 있을까
- 쇠약해져서 아프게 되면 과연 여기서 어떻게 지낼 수 있을까
- 만약 간병인의 도움을 받는다면 동거가족의 생활을 깨뜨리게 되지 않을까
- 만약 40대부터 내가 여기에 살게 된다면 90세까지 50여년간 이 집에서 살 수 있을까
- 만약 쓰러지게 된다면 누가 날 발견할 수 있고 또 급히 와서 도와줄 수 있을까, 자식을 못 보게 되면 어떻게 하나
- 만약 쓰러져 눕게 된다면 가족들의 부담을 덜어 줄 수 있는 방법이 있을까
- 만약 휠체어나 이동보조기구를 사용하게 된다면 이것이 이 집에서 가능한가
- 만약 생활이 위축되면 더 작은 규모의 집을 찾아 이사가야 할 것인가
- 은퇴 후에도 내 삶의 권위와 위엄을 지키며 살 수 있을까
- 은퇴 후에도 많은 추억이 있는 여기서 즐겁게 안정되게 살 수 있을까

우리사회 주거규범이 되어버린 아파트는 실로 우리의 옛날 집이 지녔던 불편한 점들을 편리하게 개선해 주었다. 그러나 더 나은 삶의 잣대에서 본다면, 중장기적 안목에서 본다면 과연 오늘의 획일적인 아파트가 우리 미래복지사회에서 '재택노인'을 가능하게 하는 '집'으로 계속 지어져야 할 것인가를 생각해 보아야 한다.

Aging in Place를 실현시키려면 우선 노인이 떠나지 않고 재택할 수 있는 요건을 지녀야 하고 지역사회서비스를 원활하게 받을 수 있는 집이 되어야 한다. 이 집이 지역복지센터와 더불어 보장된다면, 그리고 집에 도저히 거주할 수 없을 만큼의 심각한 상황이 발생할 경우 이를 수용할 수 있는 주거시설이 지역사회 내에 생겨 노인이 지역사회 속에서 옮기지 않고도 살 수 있게 된다면, 노인복지를 실현시키는 Hardware로서 성공적인 공간환경인프라가 될 것이다.

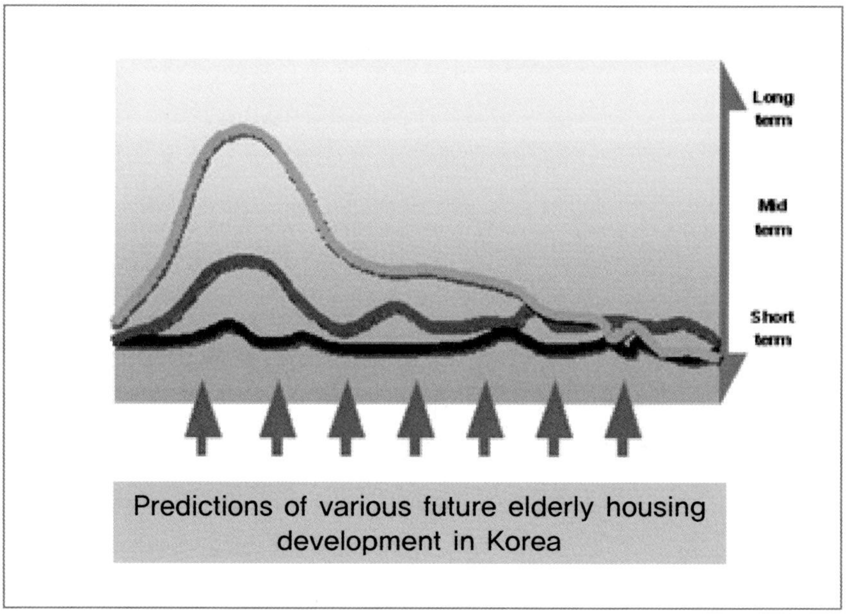

그림 3
한국의 미래 노인주거를 위한 다양한 예측들ⓒ

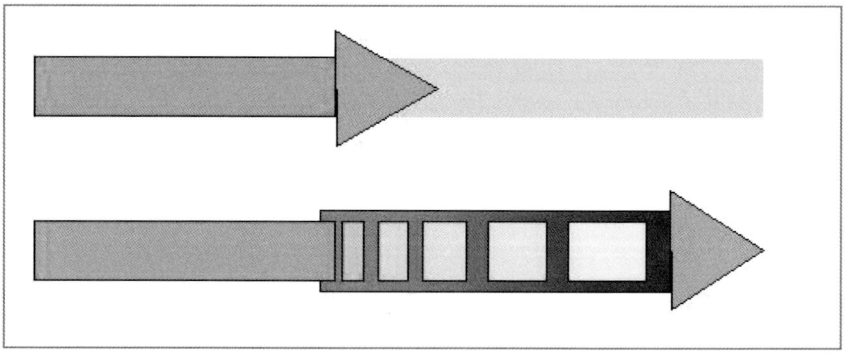

그림 4
Aging in Place을 위한 보강수단으로서의 환경ⓒ

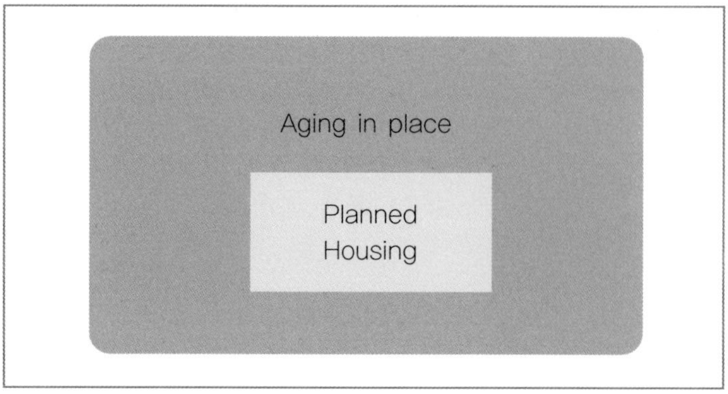

그림 5
미래를 위한 노인주거의 이상적인 방향ⓒ

이미 세계적인 복지사회로 주목 받고 있는 스웨덴의 주택에 대한 사고를 소개해 보면, 앞서 서술해 온 내용의 의미를 더욱 잘 전달되게 할 것이므로 이를 인용해 본다.

"The social ideology... can be described partly as general vision of 'the good society' and partly as specific vision of 'the good community'. ... the 'good community' aspect is particularly relevant to the care for elderly people because it reinforces the recent political ideology toward decentralization, deinstitutionalization and remaining at home. Part of this vision of a 'good community' includes a 'plan for social interaction' This should not be interpreted as an ambition to plan the social network but rather to improve the social network conditions at a neighborhood level."

Cecilia Henning
In Aging in Place with Dignity (1993), Praeger pp130-131

3. '집'에 대한 인식의 전환

우리에게만 특별히 효사상이 존재하는 것은 아니다. 효란 실천되는 방법이 다를 뿐이지 세계 어디서나 존재하는 의미있는 가치이다. 우리는 효라는 것을 내세우기만 하고 그 앞에서 긴장만 했지 별로 이를 위해 한 것이 없다. 오히려 효가 무너진 사회라고 생각하던 선진국에서는 그들의 노부모를 위해 실천한 실제디자인사례가 많다.

우리는 세계에서 우리나라가 몇 안 되는 효사상이 투철하였던 과거로 인해 현재까지 그것이 지속되어 옴으로써 한쪽에서는 그 굴레를 벗어날까봐 두려워하고 또 한쪽에서는 자유로운 삶을 추구하고 싶어 그 굴레를 벗어나고 싶어한다.

가족보호 우선이냐, 시설보호 우선이냐에 대한 논의가 오래 지속되어 왔다. 혹자는 가족보호에 매달려 있는 정책에서 탈피하여 시설보호를 강화해야 한다고 하고, 혹자는 시설보호를 성장시키면 오랜 전통을 가진 효도사상은 붕괴될 위기에 봉착할 것이어서, 노부모를 집에서 모시는 효도의 아름다운 전통이 무너지지 않도록 시설 개발에 정부규제를 둠으로써 억제 시켜야 할 필요가 있다고도 한다. 정부는 시설을 확산시킬 여력도 없었기 때문이기도 하지만 후자 쪽에 손을 들어 '선가정 후사회 보장 원칙'을 고수해올 수 밖에 없는 실정이었다.

그렇다면 '선가정'이 될 수 있게 사회적 여건을 마련하도록 여러 대안들을 내어 놓았는가에 대해 생각해 보아야 한다. 일 예로 삼대가족이 갈등 없이 살 수 있는 주거대안을 제시하였는가, 핵가족 위주로 급속히 확산되어 온 아파트를 무기력하게 바라만 보고 있지 않았는가. 일본이 삼세대 이상 거주할 수 있는 단독 주택들을 하나의 주요 주거규범이 되도록 개발해 오는 동안, 대량보급의 가능성이 많은 아파트를 지으면서 노인과 함께 스트레스가 적게 살 수 있는 주거유니트 개발에 좋은 제안만 하였더라도 이처럼 아파트가 삼대가족을 해체 시키는 하나의 요인이 되지 않았을 수도 있다.

이제 젊은 세대들은 노부모를 모시고 산다는 것에 긴장을 하고 꺼려한다. 이제 젊은 세대 뿐 아니라 노인세대까지도 젊은 기혼 자녀세대와 함께 사는 것에 긴장을 하게 되었다. 그래서 서로 자유로운 것이 좋다는 인식이 만연해 이제는 마치 삼대가 모여 사는 풍경은 꿈에서나 그려볼 수 있는 것처럼 여겨지기도 한다. 우리는 효라는 것을 내세우기만 하고 그 앞에서 긴장만 했지 별로 이를 위해 한 것이 없다.

우리나라 노인세대 중 50% 이상이 자녀와 동거하고 있으며 노령화가 진전됨에 따라 단기적으로는 줄어들 것으로 보이나 중장기적으로 보았을 때 이 비율이 높아질 가능성도 있으며 삼대 이상의 동거까지도 배려해야 하는 상황에 이를 수도 있다. 또한 현재 노인자녀 별거비율은 젊은 노인들의 독립적 자유를 추구하는 현상에 더욱 기인한 것이며, 옛날의 노인과 오늘날의 노인을 같은 연령기준으로 비교하지 않고 수명이 늘어난 만큼 현대 노인의 연령기준을 높인다면 가족과 동거를 원하는 노인의 비율은 압도적으로 높을 것이다. 우리나라 노인들의 최대 불안요소가 갑자기 쓰러지게 되었을 때 자녀를 못 보고 눈을 감을까 봐 걱정이 된다는 것이며, 우리나라 자녀들의 불안 역시 부모가 위기에 처할 때를 놓칠까 불안해 한다는 사실로 보면 노후 후반의 거주대책에 대해 더욱 심각하게 생각해 보아야 할 것이다.

본인은 최근까지 '효'란 우리나라에서만 특히 고유한 것으로 우리가 가진 윤리적 강점이자 우리에게 긴장을 초래하는 제약이 된다고 믿었고 다른 나라, 특히 산업선진국에서는 희박할 것이라는 편견을 가졌다.

미국의 휴양지역이 아닌 일반 지역 내 노인주거시설 입소노인의 상당수가 그 시설을 선택한 이유로, 근처에 자녀나 친지가 산다는 것을 듣다는 사실에 접하고, 요양원에서 적지 않은 자녀가 요양원에 있는 부모를 거의 매일 들러 돌보는 경우를 자주 보았다. 부모를 요양원에 보내기 보다는 말년에 자기 집으로 모셔와 사는 경우도 적지 않게 보았다. 그리고 휴가가 생기면 양로원, 요양원에 있는 부모를 만나러 매번 비행기를 타는 친구들도 보았다. 멀리 있으나 늘 서로 전화해서 안부를 물으며 생활정보를 교류하는 가족도 많이 보았다.

떨어져 있는 노모의 안전을 걱정하여 욕실사고를 방지하고자 잠수함에서 아이디어를 얻어 옆으로 여는 욕조를 개발한 디자이너도 있다. 떨어져 사는 노부모를 옮겨 같이 살도록 작은 집을 붙이는 ECHO(Elderly Cottage Housing Opportunity) 주택을 개발하여 이를 산업화하여 미국의 열 개가 넘는 주에서 보급될 수 있게 애써 온 효자 산업가도 만났다.

효란 인간이면 누구의 마음에나 있는 것이며 이제 문화를 이유로 다르다고 인식하고 싶지 않게 되었다. 중요성만 내세우고 별로 한 것이 없는 우리와, 실제 무언가를 창의적으로 실행에 옮긴 사람들이 더 위대하고 참으로 효를 실현하고 있는 것이라 느껴졌기 때문이다. 문화적으로는 개인공간거리(personal distance)의 규범이 다르기 때문에, 표현하는 방법이 다른 뿐이지 부모를 생각하고 걱정하고 잘 해 드리고 싶은 마음이야 어느 민족에게나 소중하고 일반적인 것이라는 사실이다.

노인들의 삶을 이런 관점에서 좀 더 면밀히 들어다 보았을 때, 노인의 생활을 불편하고 불안하게 만드는 제반 환경요소를 보다 쉽게 찾을 수 있고, 이들의 행동반경을 제대로 인식한다면 미시적 환경의 특성이 노인의 삶에 지대한 영향을 미친다는 것은 쉽게 알 수 있을 것이다.

우리 대부분의 국민에게 부모가 있고, 부모를 걱정하는 마음이 있으며, 떨어져 살고 있어 고부간 문제가 별로 드러나지 않는 듯하나 그 사이 남편은 말 못할 갈등을 겪고 있으며, 이른 은퇴 후 오래오래 보내야 하는 노후생활에 불안을 느끼는 국민이 많으며, 실제 이미 겪고 있는 노인인구가 많음을 생각할 때, 노인문제는 우리 모두의 문제라는 생각으로 발상의 전환

점을 마련하여, 진정 우리부모에게 미래 바람직한 환경이 무엇일까를 고민하고 창조해야 할 것이다. 이것이 복지사회를 앞당기는 인프라가 되면 더욱 좋을 것이다.

노인의 우주적 환경인 거주환경의 질적 특성을 향상시킴으로써 삶의 질을 유지시킬 수 있도록 그 지침을 체계화 시켜 온 자이젤(Zeisel) 박사, 전혀 새로운 개념으로 노인주택을 풀어 노인복지와 가족친지교류를 활성화시켜 꿈에 그린 Aging in Place 주거시설을 풀어 보인 벡커(Becker) 회장, 그리고 지역사회 적응과 통합을 위한 유니버설 디자인과 보호주거시설을 실제 개발해 온 토야마(Toyama) 교수의 사례에서도 효를, 개인적 효를 사회화 시킬 수 있는 방법을 느낄 수 있을 것이다.

3 노인복지를 앞당기는 사회인프라로서의 주거대안 사례

1. 개발에 필요한 전제

이 개발 사례는 앞의 제 1장에서 소개한 내용과 동일하나 노인 복지 관점에서도 그대로 접근가능함을 보여주고자 하는 의도와 개발된 평면의 해석도 노인 복지 관점에서도 가능함을 보여주기 위해 그리고 본 장을 독립적으로 읽는 독자들을 위해 그대로 중복해서 소개하였다.

노인들 스스로에 의해서나 노부모를 생각하는 자녀들에 의해서나, 노인문제가 더 큰 사회문제화 되지 않도록 미연에 방지하고자 하는 시각을 가지고 있는 사람들에 의해서나, 이제 노인이 일반형 집에 거주를 지속적으로 할 수 있도록 많은 노력을 하리라 생각한다. 노인주거시설을 수십 년간 발전시켜온 미국에서 이제 노인이 거주할 수 있는 주택 디자인에 최근 관심이 커져 가고 있는 것이 바로 그것을 보여주는 실례라 할 수 있다.

우리나라와 같이 노인에 대한 부정적인 이미지가 만연하고, 대량 생산형 아파트가 주거 규범인 사회에서 노인을 위한 주택이 개발 보급되기 위해서는 필연적으로 다음의 두 가지 방향으로 진전시켜야 한다.

첫째, 노인주택으로 특화 시키면 선입견으로 인한 마케팅에 어려움이 발생하기 때문에 불특정 소비자 가족 모두에게 유익하면서도 노인의 생활을 무난히 지원할 수 있게 일반형 주택으로 풀어야 한다.

둘째, 이 주택이 비용이 높아질 경우 그것의 보급에 제약이 있을 수 있으므로 우선 경제적으로 지어질 수 있어야 하며, 개발된 주택이 고부가가치를 지니게 함으로써 주택상품으로서 가치를 높게 지니게 해야 한다.

또한 일반형 노인주택 개발을 위해 50평 대 이상에서 실험적 사례를 제안하기로 하였는데 이에 대한 근거로서는 4가지를 들 수 있다.

첫째, 노인문제가 사회 저소득층에게만 해당되는 것이 아니라 모든 계층의 문제이며 중산층의 요구를 무시할 수 없는 시점에 이르렀기 때문이며, 저소득층의 복지가 전제된 후 풀려져야 할 문제라기보다는 각 계층별로 누구에게나 중요한 과제로 평등하게 배려될 필요가 있기 때문이다.

둘째, 노인주택에 필요한 조건과 지침이 많고 이들이 보다 창의적으로 실험되기 위해서는 일정 규모 이상에서 시작할 필요가 있기 때문이다. 지난 수십 년간의 아파트 발전과정을 보았을 때, 큰 평면에서 시도되었던 많은 건축디자인 요소들이 작은 평형에도 하향화(trickle-down) 되었다. 즉, 평면형 및 계획요소의 하향화 현상은 우리나라 아파트 발전과정에서 실증적으로 나타난 하나의 주요 현상이었다. 이는 대규모 평형에 적용되었던 평면형이나 계획 및 설계 요소가 점차 그보다 적은 규모의 평면에 영향을 미쳐 시간이 흐름에 따라 소규모 평형에 그대로 적용되는 현상을 말한다. 그 구체적 예제로는 동일한 평면유형, 화장실이 2개인 평면유형, 부엌 및 식당의 분리와 분절방식, 그리고 고층계단실형 출입방식 등을 들 수 있다. 이러한 현상에서 느끼듯이, 공간적 여유가 있는 규모에서 창의적 사고와 시행을 해 본 경험은 공간적 여유가 제한된 규모를 위한 응용방법구상에도 도움을 줄 수 있기 때문이다.

셋째, 더욱이 만약 삼대가족이 함께 하는 주거공간 이라면 현재 2개의 집에 각각 사는 집의 규모를 합해서 생각한다면 필요이상 큰 집이 아니라는 인식을 할 수 있다. 즉, 36 평 대에 사는 자녀가족의 집과 27평 대에 사는 노부모 집을 합했을 때 63평 규모가 될 수 있으며 이로 인해 단일 가족이 살 때와 달리 크기인식에 대한 기준이 획일적일 것이 아니라 차별화 되어야 할 것이다.

넷째, 앞으로 디지털 사회의 영향으로 공간 거리 규범이 변하게 되면 도심지가 아닌 도시 외곽지역 또는 전원으로 주거개발 영역이 넓어질 경우

도심지 집의 같은 비용으로 외곽에 보다 넓은 주택을 소유할 수 있게 되기 때문에 규모에 대한 규범이 20세기 기준과는 달라지리라는 새로운 합리적인 근거를 지니고 있기 때문이다.

2. 노인을 포용하는 일반주택 디자인의 전략적 개념

어느 가족 모두에게 좋은 주택이 되기 위해서는 가족 구성원 모두의 신체적, 정신적, 사회적 건강 등의 다차원적 건강을 지원해 줄 수 있도록 건강지향형 주택이 되어야 할 것이다. 이렇게 하기 위해서는 주택이 지녀야 하는 다국면적인 기능을 이해할 필요가 있으며 이 기능이 미래형 주택을 창조하는 전략적 개념이 될 것이다. 이러한 기능은 크게 일반인들 관점에서 논할 수 있는 기능과 20세기를 통해 인권회복의 필요성이 제기 되어온 사회적 약자 관점에서 논해져 온 기능으로 구분 정리하면 다음과 같다. 우선 전자의 관점에서 모든 현대 도시인은 기대되는 수준에 못 미치는 건강문제를 안고 있다는 전제 하에, 첫째 이 기대되는 건강상태의 최저 수준을 유지(Maintaining)하도록 지원해 주는 기능, 둘째 건강상태의 최고 수준을 향해 증진시킴으로써 삶의 질을 향상(Promoting)시킬 수 있도록 지원해 주는 기능이며, 후자의 관점에서는 첫째 심신의 열등한 상태로 인해 장애상황이 발생하지 않도록 하여 일상 생활이 가능(Enabling)하도록 지원해 주는 기능, 둘째 저하되어진 심신상태를 치유(Healing)하여 건강이 회복되도록 지원해 주는 기능이다 〈그림 6〉. 노인에게는 이 모든 4가지 기능이 더욱 중시될 것이다.

그림 6
건강주택의 기본 4가지 디자인 전략 개념 설명도 ⓒ

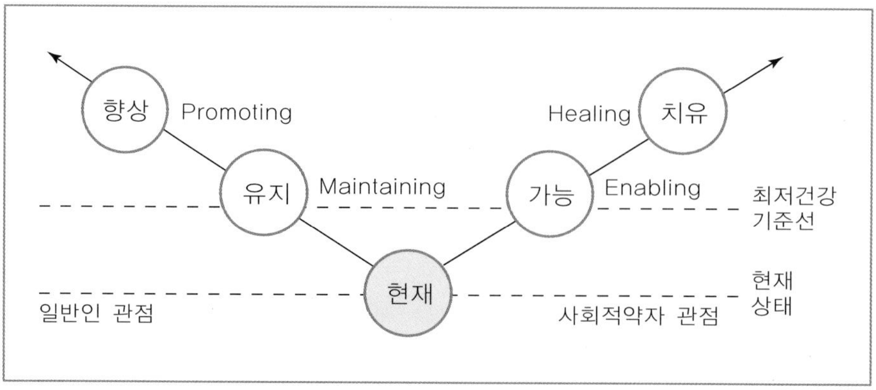

한편, 위와 같은 기능이 갖추어진 주택은 사회의 관심 부문에 따라 다양하게 불릴 수 있으며 그로 인한 해석적 의미도 달라질 수 있으나, 궁극적으로 앞으로의 주택이 지녀야 하는 다국면성을 통합적으로 지니고 있는 미래주택이 될 것이다. 이러한 다국면적인 미래형 주택이 사회적 관심에 따라 불릴 수 있는 명칭과 그 주요의미는 다음과 같다.

- 의료주택 (Medicalcare House):
  건강관리 · 치유활동등이 환자 · 가족 · 지역의사 등에 의해 원활하게 이루어지고 원격진료진단까지 가능한 주택
- 간호주택 (Homecare House):
  간호 · 간병이 가족 · 간호사 · 간병인 통해 무리없이 이루어지고 질적 케어를 공급받고 제공하는데 적합한 주택
- 재활주택 (Rehab. House):
  잃었던 기능을 회복하고 약화되었던 기능을 강화시키는 과정을 지원하는 주택
- 노인주택 (Elderly House):
  노화하는 제반기능을 지원하여 안전하고 편안한 삶을 지속적으로 가능하게 해 주는 주택
- 생애주택 (Lifespan House):
  거주자의 생애주기와 가족의 생활주기가 변화하여도 이에 대응하는 적응력이 있는 주택
- 유니버설주택 (Universal House):
  다양한 사용자의 다면적이고 복합적인 요구를 시간과 상황의 변화에 따라 포용력있게 수용해주는 주택
- 건강주택 (Health House):
  건강을 유지시키고 증진시켜주는 공간자원이자 삶의 세팅으로서의 주택
- 가변형주택 (Flexible House):
  획일화된 삶을 강요하지 않고 다양한 변형의 가능성과 사용방안을 스스로 지니고 있는 주택
- 미래주택 (Future House):
  이상적인 환경 창조를 위한 미래지향적 패러다임이 통합적으로 주체성있게 구현된 주택

노인의 노화현상을 보완하기 위해 지원하는 주택의 기능에는 단순한 것에서부터 전문성을 필요로 하는 것까지 다양하다. 일반적으로는 무장애 건축으로 노인사고를 예방하고 자립적 생활을 최대한 지속할 수 있게 하는 특성을 갖춘 주택을 노인용 주택이라 할 수 있다. 그러나 노화와 노화로 인한 사고가 생겼을 때, 이를 정상화 시키는 재활의 기능과 병이 났을 때 간호간병을 가능하게 하는 기능과 의료진료와 치유를 도모할 수 있는 기능까지를 포함할 수 있어, 이들 각각에 해당하는 재활주택, 간호주택, 의료주택의 개념까지도 의미할 수 있다. 이 세가지 경우는 모두 노인만을 대상으로 하는 것은 아니나 주로 노화기능 쇠퇴와 연계되어 중시되는 노인을 위한 환경의 필수 개념이라 할 것이다. 한편 중년기에서 노년기로 생애단계가 이동할 때나 긴 노년기간동안 노화단계의 변화에 따라 대응할 수 있고 적응할 수 있는 개념도 생애주택이라는 이름으로 노인주택을 대변해 왔으며, 무장애 건축을 넘어 다양한 사용자가 혜택을 볼 수 있는 그리고 디자인이 수준 높은 질적 보편성을 지니게 하는 유니버설 주택도 장애인과 노인주택을 대변해왔다. 이 후자 두 경우는 노인만을 대상으로 하는 것은 아니나 무엇보다 노인이 주 대상으로 언급되어 옴으로써 노인주택의 의미로도 통한다. 이러한 관점으로 보면 협의의 노인주택이 보다 확대되어 중의의 노인주택이 된다면 그 범위로는 의료, 간호, 재활, 노인, 생애, 유니버설 주택까지도 포함할 수 있을 것이다 〈그림 7〉.

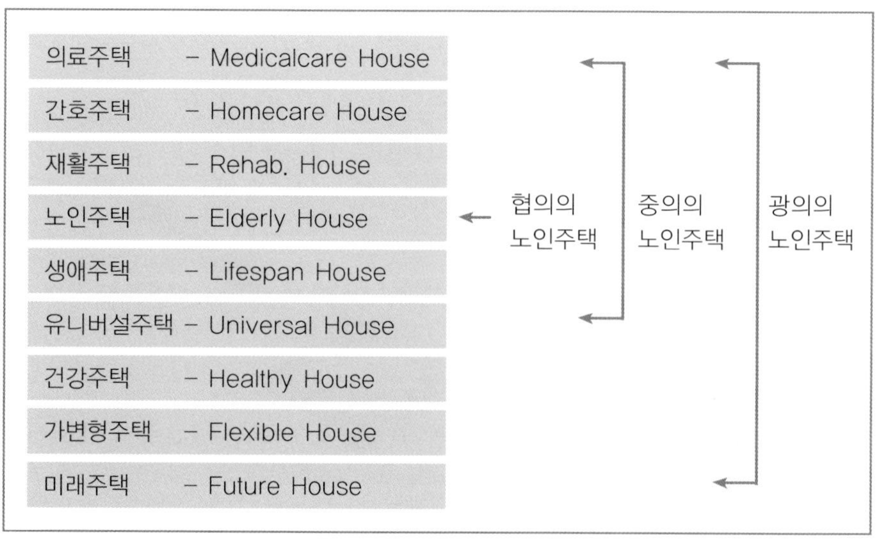

그림 7
노인을 위한 주택의 다차원적 특성과 개념 범위 정의방법ⓒ

한편, 노화를 대표하는 세 국면은 신체적, 심리적, 사회적 기능저하로 이것은 현대 건강의 세 차원과 일치하는 것으로서, 이를 회복하고 증진시키고자 하는 건강주택은 노인에게 특별히 유용한 주택이 될 것이다. 또한 노인의 상황과 노화현상변화에 따라 융통성 있게 대처할 수 있는 가변형 주택 또한 일반 가족 못지 않게 노인에게 유용한 것이며, 미래 인구학적 변화현상을 수용해야 하는 미래주택의 경우 세계 인구의 고령화 현상을 반영할 수 밖에 없으며 이럴 경우 또한 노인에게 유용한 주택이 될 것이다. 이로써 가변형 주택과 미래 주택도 노인가구를 위한 배려 부분을 담고 있어 광의의 노인 주택에 포함될 수 있다.

즉, 이상과 같은 내용을 근거로 노인을 위한 건강지향형 일반주택의 디자인을 위한 전략적 개념틀은 〈그림 8〉과 같다.

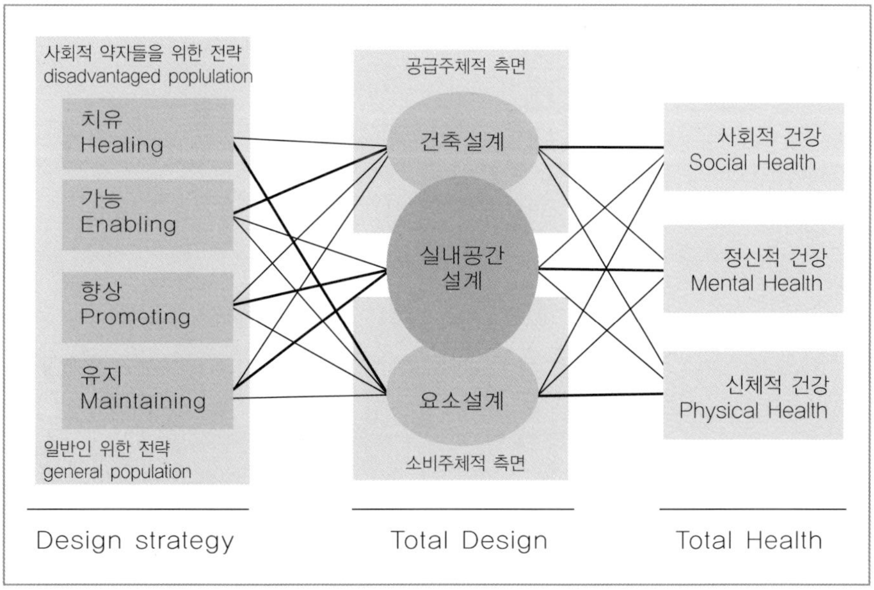

그림 8
건강지향형 주택 디자인의 개념적 틀

3. 건강지향형 제안주택의 주요 디자인특성

앞의 〈그림8〉을 건강지향형 주택 디자인을 위한 개념적 틀로 하여, 실제 250여 디자인 지침 항목이 개발 되었으며 이 지침에 근거하여 최종 제안된 평면은 〈그림 9〉와 같다. 이 주택은 Open Building의 개념을 지닌 SI(Support & Infill) 주택이며, 다음의 평면은 다양한 Infill 중 기혼 자녀세대 가족이 노부모 가족 혹은 비혈연 노인 세대와 같이 살 수 있는 유형을 사례로 보여주고 있다. 서포트란 건설업체가 소비자에게 제공할 때의 부분으로서 거주자에 따라서도 불변하는 부분이며, 인필이란 거주자의 생활양식 등으로 각기 다르게 채워지게 되는 부분을 의미한다. 건강지향형 주택을 개발하기 위해 SI개념으로부터 시작할 수 밖에 없었던 필연적 이유는, 우리 한국의 사회적 주거 규범이 되어버린 아파트의 획일성이 언뜻 편리한 현대적 주택 개념처럼 이상적인 주거형태로 여겨져 오던 가운데, 보이지 않는 수많은 사회문제를 일으키거나 이를 완화시켜주는 완충역할을 못해 옴으로서 '현대인의 제반 건강성'을 지켜주지 못했으며, 이는 또한 앞으로의 복합적 기능 사회에 맞는 미래주거를 푸는 데는 더욱이 지양해야 하는 치명적인 속성이기 때문에 이 획일성을 탈피하는 가변성이 미래형 주택을 푸는 첫 열쇠가 되기 때문이었다.

이 중 몇 가지 주요 국면을 뽑아 소개하고 이것이 노인 복지를 위해 어떻게 연계되는지를 서술하면 다음과 같다.

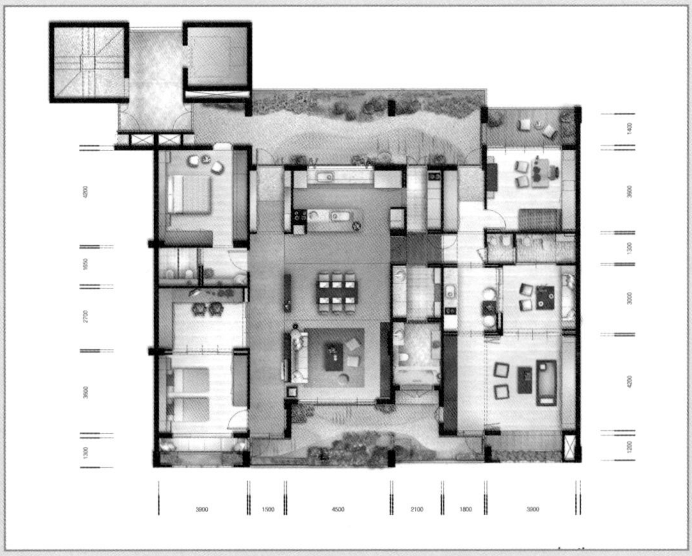

그림 9
제안된 건강지향형 주택 평면도 ©

1) 영역 구분의 다양한 가능성

- 2개의 독립적 생활이 가능하도록 출입구, 부엌, 화장실이 두 영역에 각각 갖추어져 있다.
- 2개의 영역에서 서로 교류하면서 살 수 있도록 개폐할 수 있는 내부 통로가 있다.
- 교류시 프라이버시 보호를 위해 각 침실군이 공동공간을 가운데 놓고 분리되어 있다.
- 각 침실군의 중간방이 융통성을 지니도록 두 면이 미닫이문으로 처리되어 있다.

| 노인 복지적 관점 |

- □ 삼대가 동거할 경우 두 세대간 특히, 고부간 생활 스트레스를 경감시키고 긴 노후기간동안 계획에 따라 재택근무를 수용하여 사회적 관계도 지속적으로 도모함으로서 *사회적 건강성*을 증진시키며, 긴 노후기간동안 노인세대의 임대를 통한 생활비 확보로 *심리적* 안정성을 줄 수도 있다.
- □ 친척, 친지, 가정부, 교우 등의 방문을 기존 동거가족의 생활 침해 없이 수용할 수 있다. 이는 부양가족의 육체적 피로와 갈등을 줄이고 *심리적 건강*을 지켜줄 뿐 아니라 보다 건전한 가족관계가 지속되

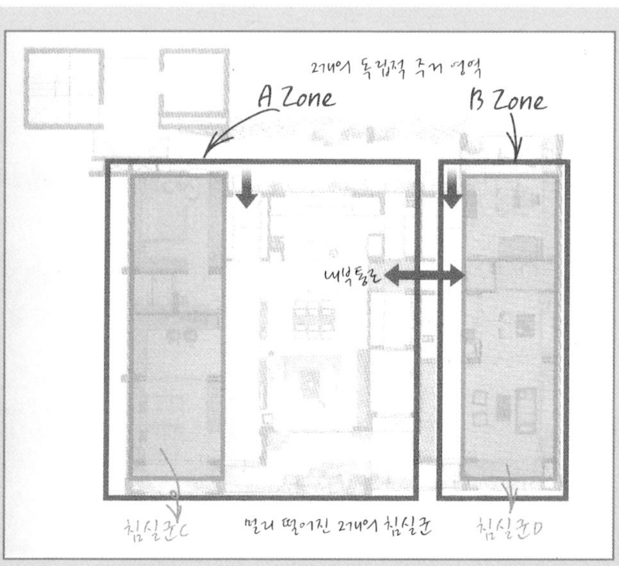

그림 10
2개의 독립적 주거 영역(A, B) 내부통로, 멀리 떨어진 2개의 침실군(C, D), 침실군의 중간방(E)은 가족과 동거하거나 전체를 노인세대가 다 쓰거나 일부를 이웃과 나누어 쓰거나 하는 경우 모두 노인의 사회적 건강을 지켜줄 수 있게 되어 있다. ⓒ

그림 11
중앙에 거실, 식당, 부엌 등 공동공간이 위치해 있어 양쪽 침실군의 프라이버시를 보호해줄 수 있으며, 공간이 열려있고 남쪽은 햇볕이 잘 들어오게 되어있으며 실내에서 식물도 가꿀 수 있어 대부분의 시간을 주택에서 보내는 노인에게 쾌적한 생활환경이 된다. ©

그림 12
각 침실군의 중간방은 여러 용도로 사용될 수 있게 되어 식당, 거실, 침실, 서재, 드레스 룸, 수납방 등으로 활용할 수 있으며 특히, 자녀나 친지 방문에 융통성 있게 이용할 수 있다. ©

도록 해줄 수 있는 *사회적 건강*을 지향하는 특성이 될 것이다.

- ㅁ 노인이 환자가 되었을 경우 치유 장소로 쉽게 대처할 수 있고, 지역 의사, 간호사, 간병인, 친척, 친지 등의 방문을 보다 편하게 수용하여 노인을 가족 및 사회적으로 고립하지 않게 함으로서 사회적 위로 통로를 열어놓게 하여 은연중 보호 받게까지 하고 본인은 물론 가족 친지와 사회에 불필요한 긴장을 완화시킬 수 있다.
- ㅁ 방 수가 융통성 있게 필요한 노인세대에게 보통 때는 터서 넓게 쓰다가 가족 친지 방문 시에는 닫아 방 수를 늘릴 수 있어 방문가족을 수용할 수 있다는 *심리적 건강*과 교류 가능하게 함으로서 *사회적 건강*을 증진시킨다.

2) 외부 문과 창의 배치

■ 남 · 북 발코니에 면해 있는 모든 공간에 문이나 창이 있게 하되 중간방에서도 남향쪽으로 열리도록 되어있어 주택의 모든 공간이 외부에 열려 있다.

■ 안과 밖을 연결하는 동선으로서 남 · 북 발코니의 2개 출입문을 연결하여 생기는 ㅁ자형 통로와 전면 발코니 문2개와 내부 복도를 연결하여 생기는 작은 ㅁ자형 통로가 형성되어 있다.

■ 남측과 북측영역은 70 : 30 비율로 할당하여 중간 가로축을 기준으로 남쪽에는 주로 거하게 되는 생활공간을, 북쪽에는 작업이나 물품과 식품 보관을 위한 공간을 배치하였다.

■ 공동 영역인 경우 북쪽 부엌, 중간 식당, 남쪽 거실 순으로 그 높이가 낮아지게 위계화 되어 있다.

| 노인 복지적 관점 |

□ 빛, 열환경, 공기환경이 질적으로 높게 유지됨으로써 노인의 노화기능을 보관해 *생리적/신체적 건강*뿐 아니라 *심리적, 정서적 건강*에도 이롭다.

□ 노인에게 주택 내에서도 외부공기를 마시며 움직일 수 있는 최대거리를 제공함으로서 신*체적/생리적 건강*에 이로우며, 박스형 밀폐된 주거에서 밖을 나갈 수 있다는 지각된 통제력을 제공하여 *심리적 건강*에도 도움이 된다.

□ 주로 거의 모든 시간을 주거 내에서 보내게 되는 노인과 환자에게 특히 남쪽을 크게 할당하여 적절한 온도감을 유지시켜 줌으로서 *생리적 건강*을 지원한다. 또한, 북쪽 영역을 닫을 수 있게 하여 남쪽에 온기가 더 잘 머무를 수 있게 하여 에너지 절약은 물론 경제적 관리를 할 수 있다.

□ 와상노인환자, 휠체어 장애노인 등도 집안에서 보다 쉽고 자연스럽게 조경을 접할 수 있게 되어 있어 *신체적, 정신적 건강*을 지원한다. 특히, 치매노인에게는 안전한 배회의 동선을 제공하여 신선한 공기를 접할 수 있게 한다.

□ 최대로 열려있는 공동공간과 각 침실군의 중간방은 방문자가 생겼

그림 13
2개의 ㅁ자형 통로, 남북의 비율, 모든 외부쪽 창호문, 공동공간의 높이 위계 (A)특성은 대부분의 생활을 주택 내부에서 보내게 되는 노인에게 쾌적한 환경과 건강을 증진시키는 기회를 부여한다. ©

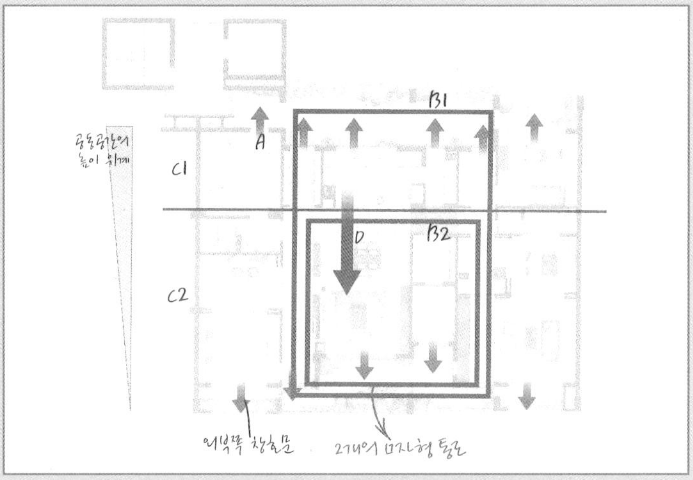

그림 14
집안의 모든 공간이 옥외 창으로 연결되어 있어 채광과 통풍효과가 좋게 되어 있으며 계절 감각을 느끼는 자연을 늘 접할 수 있게 되어 있다. ©

그림 15
집안 어느 곳에서나 옥외 발코니 정원을 볼 수 있는 Vista 효과가 있게 하여 집안에서도 시간과 계절 변화 감각 등을 느끼고 즐길 수 있게 하였다. ©

을 때 이를 쉽게 수용하고 가족모임 등 중대규모 행사도 무난히 수용할 수 있게 됨으로써 비상시를 대비한 걱정을 덜어 *심리적, 사회적 건강*을 증진시킨다.

3) 실내 조경

- 전면, 후면 발코니와 작업위생공간 Y축 띠를 연결하여 H자형으로 조경이 형성되게 하여 집안 전체가 조경존과 연계되어 있다.
- 조경요소로 식물, 동물, 물, 흙, 나무, 돌 등을 활용하여 다양한 질감과 자연성은 물론 공기정화효과, 치유기능이 있는 향 효과, 소음완충효과의 기능을 발휘하게 하였다.
- 모든 통로는 현관에서의 3cm 높이를 제외하고 동일 높이로 하였으며 물이 들어오지 않게 문 주변에는 넓은 트렌치를 설치하였다.
- 공동욕실 전실에는 실내 벽천을 설치하여 음향, 향기, 물 흐름, 조명 등을 조절하게 하여 도시조경요소가 일상 생활화 되게 하였다.

| 노인 복지적 관점 |

□ 자연과 자연이 가지는 제반 다양한 자극 요소들을 노인이 일상적으로 접할 수 있어 정서적 안정감과 휴식을 취할 수 있게 하여 *신체적, 정신적 건강*을 지원한다.

□ 산소를 내고 공해 및 냄새를 제거하고 치유효과가 있는 향을 내는 식물을 이용하여 공기환경을 개선시킴으로써 노인의 *생리적 건강*에 도움이 된다.

□ 발코니자체가 이중벽(double envelope)의 개념으로 외부 소음과 온도를 완충시키는 기능을 하고 특히, 흙과 자연재, 식물 등은 흡음효과가 있어 일상생활의 background stressor 인 소음문제를 완화하는 역할을 하여 *생리적, 정신적 건강*을 지원한다.

□ 실내 벽천은 공기의 습도를 조절하고 치유향을 발산하고 좋은 음악과 물흐름 소리와 물이 흘러가는 움직임을 통해 노인의 심신 건강은 물론 노인 환자의 치유효과를 높이는데 기여되게 하여 *신체적, 정신적 건강*을 지원한다.

□ 노인, 장애노인, 환자노인이 간병인의 도움을 받아 움직이거나 이동보조기구, 휠체어 등을 사용하게 될 때 집안 발코니를 포함한 모든

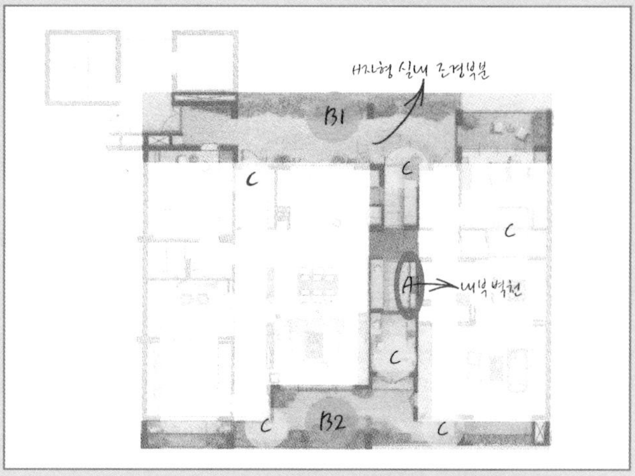

그림 16
H자형 실내 조경부분과 내부 벽천(A) ⓒ

그림 17
자연재를 사용하여 조경개념을 연계시키고 보조손잡이를 부드럽고 편안하게 제공하여 욕실사고를 방지하고 휠체어 사용 시에도 이용 가능하게 하였으며, 바닥이 동일높이로 되어 물이 흘러 넘치지 않게 배수용 트렌치를 설치하였다. ⓒ

그림 18
모든 욕실과 다용도실은 앞뒤 발코니 정원을 연결하는 조경개념으로 디자인되어 자연재와 수족관 등 옥외 공간의 특성을 느껴 정서적 건강에 도움이 되게 하였다. ⓒ

공간에 접근이 가능하도록 하여 이들을 위축시키지 않고 일상생활과 활동, 운동을 할 수 있는 여건이 되게 하여 *신체적, 정신적, 사회적 건강*을 지원한다.

4) 수납가구-기기 시설

- 수납공간의 양이 기존아파트보다 월등히 많고 이들은 벽쪽에 공간의 낭비가 없는 방향으로 설치되어 있을 뿐 아니라 공간간 프라이버시를 강화시켜 줄 수 있도록 위치되게 하였으며, 공간기능에 맞게 각각 충분한 수납이 분산 설치되어 있고 공간기능의 변화에 유연하게 대처되게 되어 있다.
- 집안 여러 곳에 디지털 기기가 설치될 수 있게 배려되어 선과 콘센트 등이 충분히, 그리고 적절히 분산되어 있다.
- 그림과 사진 등을 걸 수 있는 벽면과 놓을 수 있는 가구들이 다양하게 마련되어 있으며, 이들이 환자의 위치에서 쾌적하게 보여질 수 있도록 공간적 거리와 필요시 적절한 위치로 이동시킬 수 있는 융통성 있는 가구를 배려하였다.
- 사용자의 상황에 따라 높이가 변할 수 있는 부엌, 욕실, 책상 등이 갖추어 질 수 있게 하였다.
- 내부 천정에는 거의 보이지 않게 강한 레일이 삽입되어 있어 공간을 구획하는 스크린이나 간벽, 디지털 TV나 기구의 이동뿐 아니라 환자 발생시 hoist까지를 걸어 이동시킬 수 있는 적응성(adaptability)을 지니게 하였다.

| 노인 복지적 관점 |

□ 장애노인 그리고 노인환자 발생시 이들의 요구에 적절히 공간이 변형될 수 있게 되어 있고, 그 공간에서 일어나는 제반 활동과 행위를 수용하게 면적이 확보되어 있으며 가구를 이동할 수 있는 융통성이 있어 *심리적 · 사회적 건강*을 지킬 수 있다.

□ 병이 악화 되어 거동이 불편한 경우 노인환자의 편의는 물론 간병인의 피로감을 도와주기 위해 천정에 이동식 hoist를 설치하여 사용하게 함으로서 중증환자의 care까지도 수용하게 되어 있어 환자와 간병인의 *신체적, 정신적, 사회적 건강*을 지원한다.

□ 원격 진료를 위한 제반장치 및 기기설치가 용이하도록 되어 있어 번잡함이 없이 가족과 취향에 따라 장소의 제약을 받지 않고 편리하게 사용할 수 있으며 특히, 환자가 기거하게 되는 장소에 환자의 불편함을 초래하지 않고 융통성 있게 사용되게 함으로서 *신체적, 심리적 건강*이 도움이 되게 한다.

□ 노인 환자의 경우 주변 가족, 친구 그리고 각종 추억을 되살리는 그림, 사진, 장식품 등이 많은 점을 배려하여 이들로부터 위로 받고 이들을 즐길 수 있도록 전시를 할 수 있는 충분한 벽과 가구 등이 제공됨으로써 이들의 *정서적 안정감과 정신적 건강*을 유지하게 할 수 있다.

□ 이동이 불편한 노인 환자의 경우 침대 주변이 거의 우주적 생활공간이 되므로 이 주변에 필요한 모든 물품을 놓고 사용할 수 있도록, 또 위급시 긴급연락을 취할 수 있는 벨이나 사용기구를 위한 전기 콘센트 등 및 사용기기 · 기구 등을 병원처럼 보이지 않고 잘 정돈하여 친밀한 분위기를 지속시키도록 해 줌으로서 *정서적 · 지각적* 박탈감이 생기지 않게 한다.

□ 높이를 이동 조절할 수 있는 침대, 세면대, 부엌 싱크, 책상은 노인 환자, 장애 노인이 안전하고 편하게 일상생활을 지속할 수 있도록 재활 기능을 높임으로서 *신체적, 정신적, 사회적 건강*을 유지하게 할 수 있다.

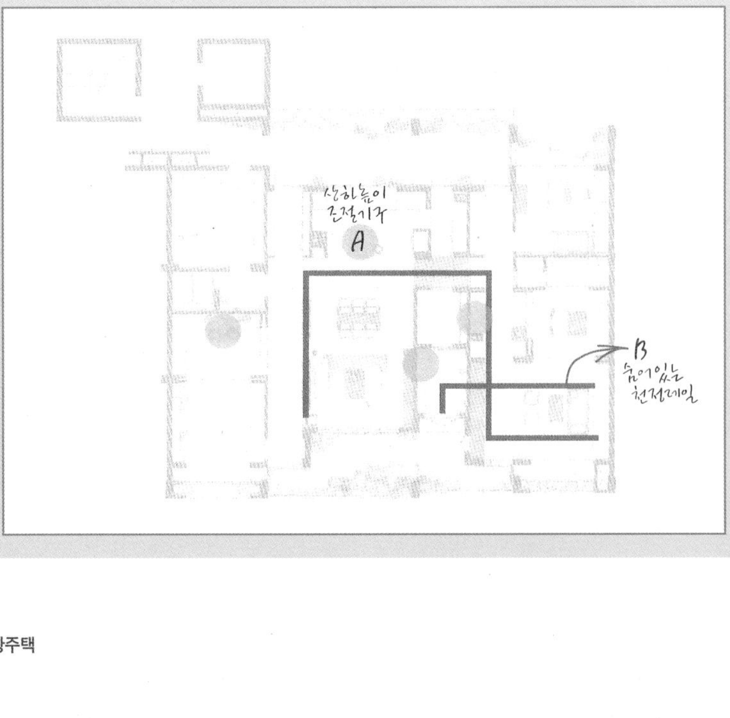

그림 19
충분한 수납가능면적, 가구 배치의 융통성, 숨어 있는 천정레일(B부분), 상하높이 조절가구(A부분) 특성은 노인 생활을 가능한 만큼 오래도록 자립적으로 시설에 가지 않고도 살 수 있는 가능성을 지원해준다. ©

그림 20
햇빛이 잘 들어오는 툇마루식 윈도우시트, 수납가구가 놓인 전통 웃방식으로 쓰인 복도가 열린 벽쪽에 발코니 정원을 열어 즐길 수 있는 작은 문과 추억의 그림, 식물 등을 놓고 감상할 수 있으며, 노쇠해져서 화장실이 더 인접해 있어야 하는 경우 문을 열어 쓸 수 있게 되어 있는 화장실 앞 문이 맞은편 놓은 가구의 오른쪽에 보인다. ⓒ

그림 21
노인이 와상노인이 되었을 때 노인이 치유를 위한 병실기능도 할 수 있도록 제반 수납시설이 융통성있게 갖추어져 있으며 천정에는 미리 삽입된 레일을 이용하여 필요시 TV, 환자이동용 hoist를 사용할 수도 있게 되어 있다. 옆방은 간병인이 상주 시 임시 거주할 수 있으며 노인침대와 안락의자 주변으로는 가족사진과 소유장식품 등 노인의 추억에 소중한 물건들을 놓고 즐길 수 있게 되어있다. 침대에 많이 누워 있게 되는 경우 천정에도 휴식적 그림이 있고 발코니를 통해 식물도 지켜볼 수 있다. ⓒ

4. 제안된 주택의 생애주기 적응 특성

이 주택이 노인을 위해 장기적으로 어떤 변화를 수용할 수 있는지 시간과 상황의 변화에 따른 적응성(Adaptability)은 어떠한지에 대해 구체적인 예제를 들어 정리해 보면 다음과 같다. 앞으로 시간이 지남에 따라 현재 가족 상황이 자연스럽게 변할 것이며 공간의 사용도 바뀔 것이다. 노인의 삶은 자녀들의 삶과 상호작용하며 연계되므로 노인의 입장과 자녀세대의 입장을 모두 고려해서 살펴보고 또 삶에 있어 예기치 않게 찾아오는 우환이 발생하였을 경우도 포함하여 이들 세 부분으로 나누어 살펴본다.

1) 지금 노후를 맞고 있는 중년 이상일 경우부터 앞으로 이 주택에서 살 수 있는 대표적 사례 방안을 제안하면 다음과 같다.

(1) 청소년 자녀가 있는 시기
- 사춘기의 예민한 청소년 자녀들 그리고 가치관과 생활양식이 다른 청소년 자녀들을 위해 작은 유니트 전체를 할당할 수 있으며
- 청소년 자녀로부터 프라이버시를 지키고 부부의 영역을 확보하며 작은 유니트 전체를 부부영역으로 할당할 수 있다.

(2) 자녀 출가하고 부부만 사는 시기
- 경제적으로나 자녀 양쪽 문제를 도와주기 위해 출가한 신혼 자녀를 데리고 살수 있고
- 임대해서 새로운 이웃을 만들어 살 수 있으며 이때 임대료는 생활비로 사용가능

(3) 노인이 되어 생활이 축소되는 시기
- 성장해가는 자녀세대 가족에게 큰 공간을 내어주고 , 유지관리 쉬운 작은 유니트에 살 수 있으며
- 큰 유니트를 임대해 주고 임대료는 노후 생활비로 보장받으며 살 수도 있다.

(4) 노환/병이 든 시기
- 자녀와 함께 살 경우 노부모 생활의 프라이버시를 지킬 수 있는 동시에, 위급시 자녀가족으로부터 보호 받을 수 있으며

- 임대해서 이웃이 있을 경우 위급상황시 도움을 받을 수 있고 임대료를 낮추어 도움 관계를 형성하는 것이 가능하다.

2) 기혼자녀들의 경우 시간이 지남에 따라 이 주택에서 살 수 있는 방안을 제안해보면 다음과 같다.

(1) 이제 막 결혼한 신혼이며 어린 자녀가 있는 경우
- 부모님 집의 작은 유니트에서 도움을 받으며 살 수 있고
- 작은 유니트를 임차해서 살 수 있으며 이웃간 교류를 통해 자녀 양육시 도움을 받을 수 있다.

(2) 취학 전 · 후 자녀가 있고 재택근무하는 부모일 경우
- 큰 유니트에서는 가족생활을 하고 작은 유니트는 재택근무 공간으로 활용할 수 있으며
- 큰 유니트에서 가족생활을 하고 작은 유니트는 노부모를 모시고 살 수 있고
- 큰 유니트에서는 가족생활을 하고 작은 유니트는 임대를 할 수 있다.

(3) 취학자녀가 있는 중년이 될 경우
- 큰 유니트에는 가족이 생활하고 작은 유니트에서는 노부모를 모시고 살 수도 있고
- 큰 유니트에는 가족이 생활하고 작은 유니트는 다른 노인 세대에게 임대해서 이웃간 교류하며 살수 있고
- 큰 유니트에는 가족이 생활하고 작은 유니트는 또 다른 젊은 가족 세대에게 임대해서 자녀간 생활 양육 정보를 교류하며 살 수도 있다.

3) 집안 가족 중에 장애인이 있거나 환자가 발생하였을 경우

(1) 공통적으로 다음과 같은 포용력이 있다.
- 주택의 전영역이 노인을 부축하거나, 노인이 보행보조 기구나 휠체어를 사용하여도 다닐 수 있도록 문이나 복도의 폭 · 가구 사이의 폭이 충분히 확보되어 있다.

- 넘어지거나 부딪히지 않도록 문턱이 제거되고 가구 등이 튀어나오지 않고 질서있게 놓일 수 있도록 되어 있다.
- 공간이 막혀 답답하게 되어 있지 않고 어디서나 쉽게 열려 아름다운 그림과 자연조경, 그리고 다른 공간을 쉽게 볼 수 있게 되어있다.

(2) 와상노인이 생겼을 경우

- 모든 공간에 이를 수용할 수 있으며 특히, 작은 유니트내의 남쪽 침실이 환자 쾌유와 간병을 위한 쾌적한 공간으로 사용될 수 있다.
- 상주 간병인이 생겼을 때 중간방이나 북측방을 사용할 수 있다.
- 간병인, 문병인, 간호사들이 독립적으로 출입할 수 있어 동거 가족의 생활을 보호 할 수 있다.
- 심각한 정도의 중증으로 되었을 경우 간병이 용이하게 공용화장실을 직접 노인실에서 출입이 가능하도록 바꾸어 쓸 수 있고 hoist를 설치 할 수 있게 되어있다.

(3) 치매 노인이 생겼을 경우

- 치매 노인을 보호하기 위해 집 밖으로 못 나가도록 한 경우라도 신선한 옥외공기와 자연, 충분히 걸어서 안전하게 다닐 수 있는 여건이 되어있다.
- 작은 유니트에서도 남쪽 침실, 중간방 부엌의 동선이 연결되어 작은 영역에서도 배회 할 수 있다.
- 남 · 북 발코니를 잇는 긴 복도는 한쪽 벽에는 추억이 깃든 사진과 그림 · 가구들이 있고 한쪽으로는 공간이 트여있어 답답한 느낌이 들지 않으면서도 마주보게 되는 출입문과 창문을 통해 시원한 공기와 조경을 접하며 안전한 배회를 할 수 있다.
- 옆 큰 유니트에 사는 자녀가족과 내부 통로문을 열어 동거할 경우 거실 식당과 부엌사이 복도, 침실zone과 거실사이 복도, 전면 발코니, 노인실 발코니쪽 문 등을 연결하여 안전한 ㅁ자형 배회 통로를 즐길 수 있다.
- 노인실내 출입문, 옆 큰 유니트에 사는 자녀가족의 출입문, 자녀세대의 전면 발코니문, 노인 세대쪽 전면 발코니문 등을 연결하여 보다 크게 배회 할 수 있는 ㅁ자 동선을 즐길 수 있다.

(4) 장애인이 생겼을 경우

- 작은 유니트내의 남쪽 침실이 특히 장애인의 생활공간으로 쾌적하게

사용될 수 있다.

- 집에서 작업이나 근무를 할 경우 중간방을 확장해서 쓸 수도 있다.
- 화장실문을 열어 휠체어가 들어갈 수 있게 되어 있다.
- 재택근무가 활성화되면 작은 유니트 전체를 써서 생활 공간과 외부 손님 등이 방문할 수 있는 응접/작업공간으로 분리해서 사용할 수 있다.
- 장애를 가진 자녀가 결혼하면 그 자녀 가족이 생활 할 수 있다.

이상과 같은 특성을 지닌 미래형 건강주택을 계획 당시부터 무장애건축 조건은 물론 신체적, 심리적, 사회적으로 노인의 건강한 삶을 다각적으로 지원해 주도록 되어 있을 뿐 아니라 특히, 앞서 Aging in place개념을 실현시키기 위해 생겨났던 다양한 선진국의 프로그램들과 비교하였을 때 여기서 제안한 주택을 이미 그러한 프로그램에서 추구하였던 특성들을 지니고 있다. 즉, 두개의 유니트로 처음부터 구분할 수 있게 되어 저당이나 임대가 가능하며 ECHO의 개념들도 들어 있으며 도움이 필요할 때나 비상시에도 교류할 수 있는 이웃과 연계되어 있고, 노화에 따라 고쳐나가야 하는 부분들이 미리 배려되어 제공되어 있음으로써 이 주택 자체가 Aging in place를 가능하고 또 촉진하도록 되어 있음을 알 수 있다.

4 나오면서

노인복지는 노인집단만의 문제가 아니다. 모든 국민의 문제이다. 부모가 있는 자녀 세대들의 갈등과 불안을 잔잔히 그리고 크게도 초래하는 문제이며, 노후를 바라보고 있는 중년 세대들의 불안과 걱정을 앞세우게 하는 문제이고, 현재 노인이 된 세대들에게 삶에 대한 후회와 무기력을 절감하게 하는 범국민적 문제이다.

노인문제는 더 이상 저소득층 노인문제가 아니며 모든 사회계층의 노인을 포괄하는 문제로서 서로 대치해서 풀어나갈 것이 아니라 서로 병행해서 문제를 풀 수 있도록 해야 하고, 중산층 이상 노인들의 요구를 만족시켜 나가도록 해나가면서 생긴 노하우는 저소득층 복지 문제를 푸는 데에 활용될 수 있도록, 서로 배타적인 관점에서 보다는 상호협력적인 관점에서 장려되어야 한다. 이에 대한 촉진을 위해 중산층 이상의 노인을 대상으로 하는 주택개발 산업체에게 반드시 일정부분 저소득층 노인을 위한 주택도 의무적으로 담당하도록 한다면 재정적으로나 기술적으로 저소득층 노인주택이 사회적 혜택을 받을 수 있게 될 것이다.

또한 정부는 노인복지대상이 저소득층 이상으로 확대되는 것에 긴장할 필요 없이 제한된 예산자원은 저소득층에, 그리고 정책적 방향설정으로 중소득층 이상의 복지문제를 풀도록 해야 한다. 노인이 거하게 되는 주택문제가 노인복지의 성공과 실패를 초래할 수도 있고 노인복지를 앞당기는 중요자원이자 인프라일 수 있다는 인식을 하고, 노인주택개발 정책의 실패는 주택정책 실패로 크게 이어지는 결과로 나타날 수 있음을 인지하여 보건복지부와 건설교통부는 서로 협력하여 보다 유기적이고 적극적으로 이 문제를 대처해야 한다.

한편 실버산업의 기회를 기다리고 준비하는 산업체 특히, 주택건설업계는 사업의 장기적 성공을 위해서, 그리고 잘못 설정된 단기대처전략으로 인해 바람직한 노인복지방향이 왜곡될 수 있음을 인지하여 Aging in Place를 가능하게 하는 주거유니트 개발, 주거단지 등 진정한 미래형 주택들을 개발하도록 노력해야 할 것이다.

이제 주택시장도 소비자의 요구에 따라 움직여지는 사회에서 무엇보다 소비자가 이러한 주택, 보다 나은 가치를 지닌 주택을 열망하고 요구하고 있다는 것을 알아야 한다. 무엇이 진정한 '집'이 될 수 있는지, 단지 상품이 아닌 '거주자의 집'으로 먼저 이해하려 할 때 시장을 석권할 수 있는 진정한 주택 상품이 나올 수 있을 것이다.

산재해 있는 우리 사회 현안에서, 더구나 중·장기적 전략과 비전을 기대하기 어려운 우리 현실에서, 노인복지와 노후 생활에 대한 보장을 기대하는 것은 거의 불가능해 보인다. 이러한 상황에서 가장 경제적으로 스스로 노후불안에 대응할 수 있는 일반형 주택의 보급은 아마 우리가 우리 스스로를 위해 만들어 나갈 수 있는 사회적 공간인프라가 될 수 있을 것이다.

한편 아직 그리고 앞으로도 대량생산형 아파트가 주거를 보급하는 주요 방안으로 존재할 우리나라 주택시장에서, 건설업체들이 일시적 소비자 취향에 맞는 주택을 상업적 시각에서 무책임하에 개발공급하기보다는 보다 사회변화를 바람직하게 이끌어 나갈 수 있는 좋은 주택을 공급함으로써 우리나라가 복지사회로 향하는데 기여해야 할 것이다. '대량생산체제'가 사회를 무너뜨리는 무기가 아니라 복지사회를 빠르게 효율적으로 건설하는 도구로 이용된다면 우리는 20세기 지어 온 빚을 충분히 갚을 수 있을 것이다.

나아가 정부가 이러한 주택을 규제하지 않고 오히려 장려해 주는 정책을 편다면 현재 노인복지가 지니고 있는 많은 현안들이 직 · 간접적으로 풀릴 수 있을 것이며 또 풀리는데 기여할 수 있으리라고 생각한다. 이제 '효사상'의 붕괴를 걱정하여 이러지도 저러지도 못 하고 있을 때가 아니라 그것을 강조하는 만큼 현대적으로 그것의 실행이 가능하도록 사고의 전환을 해야 할 때이고, 더 이상 지켜보고 몸을 사릴 것이 아니라 과감히 그리고 창의적으로 구상하고 실행에 옮겨야 할 때인 것이다.

이 주택이, 서구사회에서 열망해 온 주택을, 우리는 열망에만 그치지 않고 실현으로 옮기게 하는 문을 열게 해 주는 계기가 될 수 있음을 다시 한 번 진지한 눈으로 보고 평가해 주기를 바라고, 그들의 그 열망을 그대로 인용하면서 본 고를 끝낸다.

"We see greater *therapeutic value in housing* and support environments that optimize *conventional daily living* : *and in conventional daily living environments* that are designed to *be supportive at all stage of the life* cycle. Such housing and environments must be part of the '*natural rights*' to which *all members of society are entitled*, and should not be rationed out in bits and pieces to be fought over because need far exceeds supply."

Leonard F. Heumann and Duncan P. Boldy
In Aging in Place with Dignity (1993)
Praeger, p175.

"일상적으로 늘 살아오던 생활양식을 최대로 지킬 수 있게 해 주는 *주택*과 모든 생애주기 단계에서 생활을 지원해 주도록 디자인된 *일상생활 환경*은 보다 큰 *치료적 가치*를 지닌다. 이러한 주택과 환경은 그 수요가 지극히 크기 때문에 사회 구성원 모두가 요구하고 가질 수 있어야 하는 '*당연한 권리*' 이며 이를 얻고자 구태여 투쟁할 필요조차 없다."

4 치매케어증진을 위한 공간자원

1 들어가면서

1. 치매노인을 위한 환경개발의 필요성

우리가 노인을 위한 환경과 구분하여 특별히 치매노인이 거하게 되는 환경에 대해 왜 보다 심각하게 대처해야 하는가? 그 이유는 첫째, 치매노인은 다른 병이나 일반적 노화를 겪는 노인보다 위험에 노출이 많이 되기 때문에 보호에 대한 필요성의 강도가 높다는 것이다. 둘째, 치매노인의 가족, 특히, 함께 사는 가족의 생활 전반을 치명적으로 긴장시키고 깨뜨려 와해시킬 수 있는 또 다른 연속적 불행을 초래할 위험성이 크다는 것이다.셋째, 개인과 개인을 둘러싸고 있는 가족들간의 망으로 이루어져 있는 사회에 개별적으로 일시적 출현 후 없어지는 현상이 아니라 그 망을 흔들어 팽팽하게 긴장시키는 사회불안요소로서 작용한다는 것이다.

위와 같은 이타적 관점 외에 우리가 보다 이기적 관점까지를 더한다면 이러한 환경을 논하는 것이 지극히 당연하게 여겨질 것이다. 오늘날 우리는 기억력이 감퇴되거나 혼돈이 있을 때 '내가 치맨가?' 라는 이야기를 아무렇지도 않게 쓴다. 이것은 일반인들이 '치매' 라는 단어에 익숙해 있다는 사실을 보여준다. 그러나 이러한 사실들은 치매에 대한 건성적 이해일 뿐, 실제 치매를 위한 환경발전에 필수적인 심리적인 동조단계까지를 끌고 가지는 않는다.

이러한 이유로 좀더 우리의 심리적 동조의식과 공감을 높이기 위한 국면들에 대해 생각해 볼 필요가 있다.

첫째, '노망이나 미쳤다' 는 손가락질을 받으며 거리에 버려지는 원인이었기도 하였던 치매가, 고령화 사회 진전으로 우리 모두에게 올 수 있는 확률이 높아지고 있다는 것이다. 우리나라의 경우 65세 이상의 노인인구 비율이 1960년대 이후부터 비교적 완만하게 증가하다가 1980년대에 3.8%, 1990년에는 4.7%, 1995년에는 5.9%로, 그 증가 속도가 빨라지고 있다. 이러한 증가 추세는 더욱 가속화되어 2022년에는 14.3%, 2030

년에는 19.3%로 증가할 것으로 예측되고 있다. 한편, 노년층의 인구 비율이 증가하면서 그 연령층이 높아짐에 따라 노인의 치매 유병율 또한 증가하여 우리 나라의 65세 이상 노인의 치매 발생률은 현재 8.3%에서 11.3% 사이, 중등 내지 중증 치매는 3.4%로 보고되고 있으며 연령별로는 65-69세가 3.4%, 70-74세가 6.9%, 75-79세가 15.5%, 80세 이상이 33.1% 정도로 추정되고 있다.

둘째, 사회가, 가족관계망이 어떻게 변하더라도 부모와 자식간의 관계는 지속될 것이고 어느 쪽에서 이 치매상황이라는 위험한 요소에 노출되건 모두 연계되어 잇따른 불행을 겪게 될 그 확률이 높아지고 있다는 것이다. 우리 나라는 선가정보호 후 사회보장이라는 소극적인 노인복지정책으로 대응하고 있는 현실이며 이것은 더욱 노인문제를 가중시키고 있다. 그 중, 특히 치매노인의 경우 이들을 돌보는데 따르는 경제적, 신체적, 심리적, 부담이 심각한데도 여전히 가족 스스로가 해결하도록 강요하는 실정이다. 이로 인해, 치매노인을 돌보는 가족들은 우울이나 부담 등 많은 스트레스를 경험하고 있으며, 이러한 스트레스는 가족의 심리적, 정서적 안녕을 위협하거나 가족체계의 분열을 야기하기도 한다. 셋째, 누구에게 이 '치매'가 오건 어느 누구의 생활을 치매노인을 돌보기 위해 완전히 와해시킬 수도 또 이로 인해 긴장을 불러일으킬 수도 없을 만큼 현대사회 구성원 모두가 이미 나름대로의 자극 속에 바쁘게 또 피곤하게 살고 있다는 것이다.

이렇게 생각하면 치매는 나의 문제이며 오래 살기를 원하는 만큼, 모두 각자의 삶의 질을 보장하고 존엄성의 파괴라는 최소한의 위기 의식 없이 한 사회적 존재로서 삶을 마감하는데 필수적 과제임을 인식하게 될 것이다.

2. 치매노인을 위한 환경개발방향

치매노인이 거하는 환경에는 크게 세 종류 즉, 치매병원, 치매노인주거시설, 일반주택이 있다. 치매병원은 치매를 병으로 다루는 환경이며, 치매노인 주거시설과 일반주택은 치매를 생활로 다스리는 환경으로서, 전자는 최소 전문성과 집단적 거주, 가족과의 별거를 전제로 하며, 후자는 비전문성과 개별거주와 가족과의 동거를 의미한다.

우리 나라는 치매노인 특히 치매병원, 거주시설에 대한 사회적 관심이 이제야 시작되고 있는 특성으로 인해 위의 세 가지 환경 모두를 발전시켜야 한다. 그러나 이를 발전시킬 때 그 발전방향에 대한 총체적 시각과 종합적 계획이 있어야 하며 단 · 중 · 장기적 전략이 설정되어있어야 한다. 정책입안자들의 단기 순환적 사회특성으로 인해 불안할수록, 학계와 전문 실행계의 확실한 의식과 의지는 더욱 중요하게 여겨진다. 특히, 이제 시작이라는 사실은 엄청난 혼돈과 시행착오의 가능성을 의미하기도 하지만, 처음부터 방향만 제대로 서면 이미 선진국이 실패해 온 시행착오를 피할 수 있고 또 우리가 선진모델을 발전시킬 수 있는 가능성이 있음을 의미하기도 한다.

이에 본인은 세계적으로 공감대를 형성해 나가고 있는 성향과 간과되고 있는 점을 간략히 서술하고, 본인이 이 시점에서 중시하고자 하는 점을 다음과 같이 피력하고자 한다.

첫째, 특수한 경우를 제외하고 치매노인을 위한 환경으로는 병원보다는 주거시설의 형태가 바람직하다는 쪽으로 가고 있다. 이는 치매는 암이나 기타 질병과는 다르게 대부분 노화에 따른 현상으로, 생활과 밀접한 관계에서 풀어져야 하는 국면이 있기 때문이다.

둘째, 큰 시설보다는 작은 시설, 지역사회와 멀리 떨어져 마련된 시설보다는 지역사회에서 통합적으로 존재하는 시설, 그리고 지역사회로부터 닫혀있는 시설보다는 지역사회에 열려있는 시설이 바람직하다는 쪽으로 가고 있다.

위와 같은 성향은 치매노인의 삶을 최대한 질적으로 높게 유지시키고자 하는 인본적 이유와 점점 그 비율이 늘어가는 현대사회에서 사회적 경제불안 관점에서 특히 적지 않은 긴장감을 초래하여 그에 대한 복지 비용을 감당하기 어렵게 되어가고 있기 때문이다.

여기서 한가지 간과되고 있는 점은 '집'이라는 환경이다. 대부분의 선진사회에서는 가족별거 문화가 우리보다 만연하여 치매노인과 함께 살 가족이 없거나, 동거가 불가능하여 혼자 두기가 어렵고, 또 사회보장과 이에 대한 인식이 우리보다 발달하였기 때문에 치매노인을 보호한다는 의미는 곧 주거시설에 거주하게 한다는 의미와 상통한다. 이러한 시설적 발전은 당연하다. 왜냐하면 지남력의 장애와 다양한 문제행동으로 인하여 예측할 수 없는 각종 사고에 노출되어 있는 치매노인을 적절하게 보호한다는 것은 매우 어려운 문제이므로 이들의 행동특성에 맞도록 특별히 계획된 치매전문시설은 치매노인뿐 아니라 그 가족들에게도 유용한 자원이 되기 때문이다. 특히, 전문적인 치료 및 보호를 필요로 하는 치매노인의 경우, 가족들이 돌봄으로써 모두가 받게 되는 스트레스와 갈등 상황을 완화시켜줄 수 있기 때문이다.그러므로 이같은 치매노인을 위한 거주시설의 발달은 노인문제, 가족문제를 포함한 제반 사회문제를 완화시키며 복지사회를 구현하는데 어떤 정책이나 분야보다도 결정적인 역할을 한다.

특히, 우리나라의 경우 국민모두가 사회복지에 대한 보장을 받을 수도 없고 또 복지비용을 사회적으로 감당할 수 없기 때문에 적은 예산으로 최대의 효과를 낼 수 있는 방법으로 그 방안이 모색되어야 한다. 또한, 치매노인의 증상과 가족관계 유지를 원활히 하게 해주기 위해서는 지역사회에서 해결방안을 찾도록 장려하는 것이 바람직하다. 이럴 경우 결국 치매노인을 위한 환경은 그룹홈과 같은 소규모 주거시설과 일반주택이며 후자가 더 큰 역할을 하도록 해주어야 한다.

일반주택이 언급조차 안되어 온 중요한 이유는 일반주택은 치매노인과 함께 거주하도록, 또 경증치매노인이 홀로 안전하게 살 수 있게 되어있지 않다는 현실과 선입관 때문이다. 결국 집에서 같이 동거하기에는 너무나 어렵고, 또 보낼 시설도 없고 한 딜레마적 상황에서 이를 겪고 있는 가족에게 마냥 스트레스만 가중시키고 있는 현황이나 중간시설인 치매전문 주거시설과 그룹홈 정보에 대해서는 자이젤(Zeisel)박사, 벡커(Becker)회장, 토야마(Toyama)교수가 충분히 이론과 실제사례를 통해 소개할 것이므로, 본인은 우리사회 맥락에서 특히 중요하고, 위와 같은 중간시설들과 병행 발전해야 한다고 생각하는 '집'에 대해 중점적으로 이야기하고자 하며, 다음의 국면을 재인식해 볼 필요가 있다.

첫째, '집'은 치매노인의 증상을 완화할 수 있는 모든 자극 조건의 총합체로서 그 특성자체가 치유효과를 지닌다.

둘째, 대부분의 치매노인이 집에서 거주하고 있다.

셋째, 현재 한국의 사회복지시설 현황과 앞으로의 전망에 대하여 보았을 때 치매노인을 수용할 수 있는 시설 개발에는 명백한 한계를 지닌다.

넷째, 특히 중증으로 가족의 생활을 치명적으로 불행하게 만드는 경우와 치매노인 자신의 삶에 치명적인 위험이 있을 때는 중간시설로 가는 것이 바람직하지만, 대부분의 경증이나, 중간 정도의 증상을 보이는 대부분의 노인들이 여전히 집에서 혼자 혹은 가족과 함께 거주할 것이다.

이같은 사실은 왜 우리가 '집'이 치매노인의 거주환경이 될 수 있고 또 되어야 하는가에 대한 이해를 하는데 도움이 될 것이다. 일반적으로 사회복지시설이 필요하다고 할 때에는 '집'은 부적합하다는 전제하에서였다. 그러나 이 경우 본질적으로 도저히 일반주택에서 거하게 하기에는 불가능한 것도 있지만 상당한 부분 '집'이 이러한 요구를 수용할 수 있게 설계 · 디자인 되어있지 않다는 국면이 내재한다. 그렇다면 집이 이러한 요구를 수용할 수 있게 디자인된다면 어떠할 것인가? 말할 것도 없이 현재 어려움을 처하고 있는 가족들의 생활을 완화시켜 줄 것이며, 사회보장을 기대할 수 없는 여건에서 최소한 안도의 숨을 쉴 수 있을 것이며, 시설에 구태여 갈 필요까지는 없는 노인들이 대안이 없어서 시설로 옮겨진 경우 이들의 생활을 정상화시킬 수도 있을 것이다. 분명한 것은 노인주거시설과 파트너가 되어 노인복지의 주된 방향인 정상화(normalization)와 지역사회 통합화(community integration)개념을 만족시키는, 보다 나은 복지서비스를 제공 받는 하드웨어가 될 것이라는 점이다.

일반주택이 노인을 특히 치매노인을 감안해서 발전한다는 것이 치매노인 주거시설의 발전을 억제한다고 생각할 것이 아니라, 또 효사상이 존속하고 가족문화가 붕괴되지않고 유지될 수 있다고 생각할 것이 아니라, 치매노인 주거시설의 발전과 함께 치매노인 복지를 이루는 상호시너지 효과가 있으며, 가족에게 부담 지우는 현 정책에 대한 반성과 함께 가족에게 보이는 최소한의 윤리적 의식으로 현대사회가 제공해야하는 방안으로 인식되어야 할 것이다.

2 치매노인을 위한 환경디자인

1. 개요

치매노인을 위한 환경의 디자인이, 환자의 증상을 완화시켜주거나 멈추고, 치유하게도 되는 '약'처럼 치유효과를 지닌다는 시각이 등장하고 서서히 관심을 받으면서 노인복지 분야에서는 새로운 차원의 자원으로, 디자인계는 새롭게 참여할 수 있고 또, 전문성 깊이를 더할 수 있는 기회로 부각되고 있다. 이러한 시각은 임상경험과 연계시켜 이론적 시각을 발전시키고 있는 자이젤(Zeisel)박사와 위스콘신 밀워키 대학(University of Wisconsin at Milwaukee)의 치매노인 연구팀을 위시한 환경행태학적 연구분야가 발전됨으로써 형성되었다. 이들의 연구는 치매노인의 행태적 특성을 밝히고, 약 그리고 상담 등의 서비스와 함께 이들의 증상을 완화시켜 주거나, 삶의 질이 저하되지 않게 생활이 유지될 수 있도록 하였다.

한편, '집', '집에 내재한 제반 자극특성', 그리고 그것이 지닌 친밀성(familiarity intimacy)등이 치매노인을 위한 치유효과를 자아내게 하는 주요 특성이라는 점은 치매노인에게 있어서 '생활 문화'의 중요성을 의미하기도 한다.

이 생활문화는 작게는 그들의 습관에서 크게는 그 사회, 국가의 문화적 양상에 이르기까지 포괄적 특성을 내포하고 있다. 즉, 이는 국가를 막론하고 치매노인에 대한 이해와 치매노인에게 바람직한 처치방안이 존재하는 동시에 지역문화 특히, 치매노인이 지속적으로 유지해온 생활문화에 대한 존중이 얼마나 중요한가를 의미한다. 한편, 생활문화의 차원에서도 삶이 유지되어온 세팅인 환경 즉, 물리적 실체로서 환경의 역할이 중요하기 때문에 이 환경의 디자인에 거시적,미시적문화의 관점이 반영되어야 한다. 이런 관점에서 토야마(Toyama)교수의 문화적 접근사례는 충분한 지혜를 전달하며, 때론 문화가 서구사회에서의 훌륭한, 절대적인 디자인 지침을 압도하여 그 기준을 흔들게도 하는, 그리고 한편으로 그것을 보완해 주는 역할을 할 수 있음을 느끼게 해 줄 것이다.

이 장에서는 환경디자인에 대한 이해, 치매노인시설의 디자인 시 이해하여야 할 환경행태적 개념을 정리해 소개한다.

2. 치매노인을 위한 환경디자인의 이해

환경디자인 전문 분야에 대한 바른 이해와 전문성에 대한 사회적 요구 노인복시설을 진정한 우리사회 복지인프라로 성장시키는데 필수요건이다.

환경디자인이란 삶이 일어나는 장을 창조하는 것이며 좀더 구체적으로는 우리가 만드는 인위적 환경의 지원성을 창조하는 것이다. 이 지원성이란 곧 인위적 환경이 인간의 삶에 어떤 기회와 가능성을 주느냐 하는 본질적인 기능이라 할 수 있다. 그 범위는 도시계획에서부터 건축, 실내디자인 그리고 산업디자인에 이르기까지 거시적 장르에서 미시적 장르까지를 포괄하는 실로 넓은 분야이다. 그렇다면 도시계획 디자인, 건축, 실내디자인은 단순히 물리적 요소를 조합하여 형상을 아름답게 만드는 분야가 아니라 도시가, 건축물이, 실내공간이 어떻게 인간의 삶을 향상시켜 줄 수 있는가를 만드는 창조적 전문분야로 환경의 목적에 따라 그것의 사회적, 문화적, 행태적 기능과 가치를 만들어 내는 분야인 것이다.

이 환경이 치매노인복지와 연관이 된다면 치매노인복지의 제반 국면에 대한 광범위한 지식을 근거로 복지가 이루어지는 추상적 형상을 물리적 실체에 담아내어야 즉, 치매노인복지를 위한 소프트웨어가 잘 실행될 수 있는, 그리고 그것을 발전시킬 수 있는 하드웨어가 되어야 하며, 이렇게 될 때 환경디자인이 성공을 했다고 할 것이다.

진정한 도시계획가와 디자이너라면 치매노인을 거주지역에서 분리시키기보다는 지역사회에 통합할 수 있도록 이들 주거시설을 배치시킬 것이며, 진정한 건축가라면 치매노인을 배척하기보다는 보다 안전하게 포용하게 할 것이다. 진정한 실내디자이너라면 치매노인의 갈등과 스트레스를 느끼게 하기보다는 편안한 적응을 지속적으로 하도록 해 줄 것이다.

치매노인을 위한 환경디자인 분야는 치매노인복지를 담아낼 그릇을 만들어 내는 전문분야로서, 어떤 것을 담아야 하는지를 제대로 알아야 하는 것은 기본이며 이상적인 복지를 담아낼 수 있는 그릇을 제안할 수도 있음으로써, 환경창조가 노인복지의 방향을 좌우할 수도 있는 Social Intervention 역할도 할 수 있어야 한다.

전통적으로, 치매노인을 위한 치료적 중재자로 인위적환경의 역할은 매우 제한되어 왔다. 그러나, 지난 수십년 동안 진행된 인간과 그들의 전체 환경과의 상호관련성에 관한 연구들은 건축환경은 삶의 배경 이상의 것이며, 인간 행동에 지대한 영향력을 미치게 된다 라는 사실을 증명하고 있다.

치매노인들이 거주하는 환경은 조직의 요소, 사회적 요소, 그리고 물리적 요소로 구성되며 이 요소들이 다양한 방법으로 상호 작용하고 있는 복잡한 시스템으로서 이해해야 한다. 세심하게 계획된 조직적 환경과 더불어 잘 디자인된 물리적 환경은 바람직한 치료 목적을 실현하는데 적지않게 공헌하고 치매노인들의 삶에 긍정적인 영향을 미치게 된다.

3. 치매노인을 위한 환경디자인 지침

치매노인을 위한 환경디자인은 치매노인들에게 보다 적절한 지원성을 계획하는 것이다. 이에 대한 지침으로 코헨(Cohen. 1993)이 제시한 9가지 지침을 여러 실증적인 예제와 함께 정리하여 소개하고자 한다.

첫째, 안전성을 보장한다 (ensure safety and security) : 치매노인들의 물리적 측면과 정서적 측면에서의 안전성은 가장 근본적이며 기초적인 것이다. 치매가 지속되면서 추론하고 판단하는 능력이 감소되며 이에 따라 치매노인들은 많은 위험에 무방비상태로 노출되게 된다. 디자인 측면에서 걸어 다니기에 안전한 영역을 만들고 또 안전하지 못한 장소로 들어가지 못하도록 하는 장치들을 사용함으로써 이 목적을 달성할 수 있다. 환경을 보다 안전하게 만들어 주는 것이 환자 자신에게는 다소나마 자유를 주고 보호자에게는 마음의 평화를 주는 매우 중요한 일이다. 안전과 보호차원이 가장 주된 것은 아니지만 책임져야 할 부분으로 개인적인 자유를 막거나 좌절의 느낌을 주지 않도록 눈에 띄지 않는 형식으로 이루어지게 하고 물리적으로 접근이 안 되어야 하는 곳은 시각적으로도 차단할 필요가 있다. 치매환자가 목적 없이 배회하는 증상은 그 자체가 부정적인 증상은 아니지만 위험할 수 있으며 보호자를 힘들게 하므로 제한된 범위 내에서 비교적 위험이 없는 곳으로 접근하게 하는 안전한 환경의 조성이 필요하다. 이렇게 배회하는 환자들을 위해서는 화재 법규에 위반되지 않는 범위 내에서 출입문을 잠그거나 환자가 알지 못하도록 문을 위장하기도 하지만 반대로 끊임없이 걸을 수 있는 통로를 만들어 주어 길을 잃지 않고도 스트레스를 해소 시키는 방법도 있다.

둘째, 의미 있는 활동을 통해서 기능적 능력을 지원한다 (support functional ability through meaningful activity) : 치매노인들은 참여하고 있는 활동들을 통해서 긍정적인 자아상을 형성하고 성취감을 얻을 수가 있다. 이같이 의미 있는 활동으로는 식사를 위한 상 차리기를 돕는 것에서부터 간단한 간식 만들기, 동물 먹이주기, 식물기르기, 정원 산책하기 등이 있다. 의미 있는 활동이라는 것은 치매노인에 따라 다르다. 환경은 치매노인의 경험을 지원해주고 적절한 조도와 안전한 바닥면, 난간(handrail) 등으로 이동성에 대한 요구를 만족시켜줄 수 있음으로써 기능을 최대한 발휘하도록 조장한다.

셋째, 인지와 방향성을 높여준다 (maximize awareness and orientation) : 치매환자 들에게는 방향을 분간하는 것이 어렵고 새로운 것에 적응하기 어려우며 이에 대한 기억이 잘 나지 않는다. 사람들이 방향감각을 잃으면 흔히 비활동적이 되고 위축되어 점점 다른 사람들이나 환경과의 접촉을 끊게 된다. 쉽게 예측할 수 없거나 또는 이해할 수 없는 환경은 누구에게나 혼란을 야기시킬 수 있으나 특히 치매노인들에게서 일어나는 혼란은 무익하고 오히려 매우 위험한 결과를 초래하게 된다. 욕실임을 알 수 있도록 구별해주는 이정표와 단서들을 충분히 배치하고 목적지까지의 통로를 명확하게 해 준다거나 문이나 창문에서 외부 공간을 볼 수 있도록 하여 시간과 계절에 대한 방향성을 향상시켜 주는 것을 들 수 있다.

넷째, 적절한 환경적 자극과 도전을 제공한다 (provide opportunities for stimulation and challenge) : 연령이 증가하고 치매 증세가 지속될수록 지각과 인지능력이 감소하게 되기 때문에 치매노인들에게 제공되는 지각과 사회적 자극의 형태와 강도에 세심한 주의를 기울여야 한다. 치매노인들은 지나치게 많은 자극들을 처리할 수 없으며, 반대로 지나치게 지각적, 사회적 자극이 없는 경우에는 치매의 증상을 치료해주지 못하며 오히려 더 악화시키는 결과를 초래할 수도 있다. 따라서, 적절한 자극과 적합한 도전을 제공하는 것이 중요하며 이들은 치매노인들이 스트레스를 받지 않는 것들이어야 한다.

다섯째, 자율성과 통제력을 최대화한다 (maximize autonomy and control) : 치매노인들이 보고 만질 수 있는 것들이 극도로 제한되고 통제되어 있어 그들의 세계는 매우 축소되어 있는 상황이다. 자극과 도전의 조절과 건강한 것과 친숙한 것들을 치매노인들에게 제공해 줌으로써 치매노인들이 어느 정도의 자율성과 통제력을 가질 수 있도록 해주어야 한다. 의존성은 생리적 기능의 저하뿐 아니라 환경적 요소, 학습된 무기력(learned helplessness)에 의해서 더욱 강화되게 된다. 집과 같은 환경을 강조하는 것은 아니지만 바로 이러한 통제력을 제공하기 위한 것이다.

여섯째, 변화하는 요구를 만족시킨다 (adapt to changing needs) : 치매는 매우 다양한 증상을 가지고 있다. 따라서, 환경은 변화하는 치매노인의 능력과 요구를 만족시켜주어야 한다. 그러기 위해서는 치매의 단계에 따라 집단의 통합과 분리, 능력과 무능력의 범위를 결정해야 한다. 여러 단계의 치매노인들이 함께 있는 경우는 층별로 각 단계의 노인들을 배치하거나 침실의 위치, 앉을 수 있는 공간, 식사영역 등에서 각각을 분리시키며, 한편으로 집단간의 상호작용도 가능하게 할 수 있다.

일곱째, 건강하고 친숙한 것을 연결시킨다 (establish links to the healthy and familiar) : 이는 또한 단순히 공간적인 방위와 길 찾기 뿐만 아니라 행동이나 시간을 인식하는 것도 포괄한다. 이를 위한 배려의 예로는 각 개인실 입구에 자신들의 물품을 진열한 디스플레이 영역을 둠으로써 자신들의 방을 스스로 찾아갈 수 있게 한다든지, 화장실을 잘 보이도록 하고 특히 변기가 잘 보이도록 벽과 바닥과 대조되게 하여 변기를 설치하고, 벽에 사용된 사인보다는 바닥의 사인을 효과적으로 활용하여 쉽게 장소방향으로 따라갈 수 있게 하는 것 등을 들 수 있다. 치매노인들은 자신에게서 그리고 자신이 속한 세계에서 일어나고 있는 일련의 변화들에 직면하고 있다. 따라서, 가능한 한 건강한 것, 친숙한 것, 편안한 것들과의 관계를 유지하는 것이 중요하다. 시설로 이동해 왔을 때 건강하고 친숙한 환경을 만들어 줌으로써 노인들이 살아왔던 지역사회에서 시설로 '자연스럽게 이동(soft transition)' 할 수 있으며 치매노인들에게 친숙한 것들에서 더욱 긍정적인 느낌을 가지게 할 수 있다.

여덟째, 사회화를 할 수 있는 기회를 제공한다 (provide opportunities for socialization) : 사회화에 대한 요구는 인간의 기본적인 요구이다. 언어적, 비언어적 의사소통 모두는 인간의 사회화에 본질적인 것이다. 치매가 진행될수록 의사소통 기능이 점차로 저하되고 이것은 사회적 격리를 초래하며 인지기능을 저하시키기 때문에 치매노인들간의 사회적 접촉 기회를 제공해 주는 것이 중요하다. 즉, 의사소통과 상호작용을 유지할 수 있도록 한다는 것은 자극을 계속해서 제공하고 생각과 기억과 같은 보다 높은 인지과정을 발휘하게 한다는 의미를 지니고 있다.

아홉째, 프라이버시에 대한 요구를 보호한다 (protect the need for privacy) : 일상생활 활동의 감독과 지원이라는 요구만을 만족시키는 환경을 만들 경우, 치매노인은 프라이버시를 상실하게 되는 결과를 초래하게 된다. 치매노인을 위한 환경 전체에 물리적인 프라이버시를 제공하는 것이 어렵고 비용이 많이 들 수 있다. 그러나, 환경 전체를 개조하기보다 부분적으로 또는 간단하게 공간을 개조함으로써 치매노인들에게 적절한 프라이버시를 제공해줄 수 있다. 예를 들면, 치매노인을 위한 환경에 공적 공간과 개인적 공간을 함께 둠으로써 활동에 참여하거나 또는 참여하지 않고 혼자 있는 것을 노인들이 선택할 수 있도록 할 수 있다. 이때 공적 공간과 개인적 공간의 모호함을 제거하기 위해서 공간간의 경계를 명확하게 해 주어야 한다.

3 치매노인을 포용하는 주택의 제안

1. 개발에 필요한 전제

본 장에서 소개한 개발 사례는 제 1장과 제 3장에서 소개한 개발사례와 동일하다. 그러나 하나의 평면이 유연하게 다양한 관점과 조건을 만족시키고 있음을 보여주고 또 본장을 독립적으로 읽는 독자들을 위해 사례에 대한 설명을 중복하여 서술하였다. 치매 노인도 노인 범주에 들어가므로 제 3장과 동일한 설명도 있으며, 치매 노인에게 특별히 필요한 국면의 설명도 있어서 이에 관한 내용을 부가시켜 서술하였다.

치매노인을 위해 특별히 일반형 주택을 개발공급하기란 거의 불가능하며 바람직하지도 않다. 그러나 일반주택을 개발할 때, 노인 특히 치매노인들의 생활을 원만히 담아지게까지 배려된다면, 특히 현대 가족들의 요구를 보다 다양한 방법으로 제시하는 가운데 치매노인가족의 경우도 포함되어 있다면 더욱 바람직할 것이다. 여기서는 이미 보편적 인구 집단으로 생각되고 있는 노인의 경우도 우리 사회에서 별도로 노인주택 개발에 편견이 있어 진전이 거의 없기 때문에 노인주택으로 확대하며 왜 일반형 노인주택을 개발해야 하는가를 서술함으로써 치매노인 경우도 여기서 포함시키고자 한다.

노인들 스스로에 의해서나 노부모를 생각하는 자녀들에 의해서나, 노인문제가 더 큰 사회문제화 되지 않도록 미연에 방지하고자 하는 시각을 가지고 있는 사람들에 의해서나, 이제 노인이 일반형 집에 거주를 지속적으로 할 수 있도록 많은 노력을 하리라 생각한다. 노인주거시설을 수십 년간 발전시켜온 미국에서 이제 노인이 거주할 수 있는 주택 디자인에 최근 관심이 커져 가고 있는 것이 바로 그것을 보여주는 실례라 할 수 있다.

우리나라와 같이 노인에 대한 부정적인 이미지가 만연하고, 대량생산형 아파트가 주거 규범인 사회에서 노인을 위한 주택이 개발 보급되기 위해서는 필연적으로 다음의 두 가지 방향으로 진전시켜야 한다.

첫째, 노인주택으로 특화시키면 선입견으로 인한 마케팅에 어려움이 발생하기 때문에 불특정 소비자 가족 모두에게 유익하면서도 노인의 생활을 무난히 지원할 수 있게 일반형 주택으로 풀어야 한다.

둘째, 이 주택이 비용이 높아질 경우 그것의 보급에 제약이 있을 수 있으므로 우선 경제적으로 지어질 수 있어야 하며, 개발된 주택이 고부가가치를 지니게 함으로써 주택상품으로서 가치를 높게 지니게 해야 한다.

또한 일반형 노인주택 개발을 위해 50평 대 이상에서 실험적 사례를 제안하기로 하였는데 이에 대한 근거로서는 4가지를 들 수 있다.

첫째, 노인문제가 사회 저소득층에게만 해당되는 것이 아니라 모든 계층의 문제이며 중산층의 요구를 무시할 수 없는 시점에 이르렀기 때문이며, 저소득층의 복지가 전제된 후 풀려져야 할 문제라기 보다는 각 계층별로 누구에게나 중요한 과제로 평등하게 배려될 필요가 있기 때문이다.

둘째, 노인주택에 필요한 조건과 지침이 많고 이들이 보다 창의적으로 실험되기 위해서는 일정 규모 이상에서 시작할 필요가 있기 때문이다. 지난 수십 년간의 아파트 발전과정을 보았을 때, 큰 평면에서 시도되었던 많은 건축디자인 요소들이 작은 평형에도 하향화(trickle-down)되었다. 즉, 평면형 및 계획요소의 하향화 현상은 우리 나라 아파트 발전과정에서 실증적으로 나타난 하나의 주요 현상이었다. 이는 대규모 평형에 적용되었던 평면형이나 계획 및 설계 요소가 점차 그보다 적은 규모의 평면에 영향을 미쳐 시간이 흐름에 따라 소규모 평형에 그대로 적용되는 현상을 말한다. 그 구체적 예제로는 동일한 평면유형, 화장실이 2개인 평면유형, 부엌 및 식당의 분리와 분절방식, 그리고 고층계단실형 출입방식 등을 들 수 있다. 이러한 현상에서 느끼듯이, 공간적 여유가 있는 규모에서 창의적 사고와 시행을 해 본 경험은 공간적 여유가 제한된 규모를 위한 응용방법구상에도 도움을 줄 수 있기 때문이다.

셋째, 더욱이 만약 삼대가족이 함께 하는 주거공간일 경우 현재 2개의 집에 각각 사는 집의 규모를 합해서 생각한다면 필요이상 큰 집이 아니라는 인식을 할 수 있다. 즉, 36 평 대에 사는 자녀가족의 집과 27평 대에 사는 노부모 집을 합했을 때 63평 규모가 될 수 있으며 이로 인해 단일 가족이 살 때와 달리 크기인식에 대한 기준이 획일적일 것이 아니라 차별화되어야 할 것이다.

넷째, 앞으로 디지털 사회의 영향으로 공간 거리 규범이 변하게 되면 도심지가 아닌 도시 외곽지역 또는 전원으로 주거개발 영역이 넓어질 경우 도심지 집의 같은 비용으로 외곽에 보다 넓은 주택을 소유할 수 있게 되기 때문에 규모에 대한 규범이 20세기 기준과는 달라지리라는 새로운 합리적인 근거를 지니고 있기 때문이다.

2. 제안된 주택의 주요 디자인 특성

치매노인도 배려하여 최종 제안된 주택의 평면은 〈그림1〉과 같다. 이 주택은 Open Building의 개념을 지닌 SI(Support & Infill) 주택이며, 서포트란 건설업체가 소비자에게 제공할 때의 부분으로서 거주자에 따라서도 불변하는 부분이며, 인필이란 거주자의 생활양식 등으로 각기 다르게 채워지게 되는 부분을 의미한다. 이 주택을 개발하기 위해 SI개념으로부터 시작할 수 밖에 없었던 필연적 이유는, 우리 한국의 사회적 주거 규범이 되어버린 아파트의 획일성이 얼핏 편리한 현대적 주택 개념처럼 이상적인 주

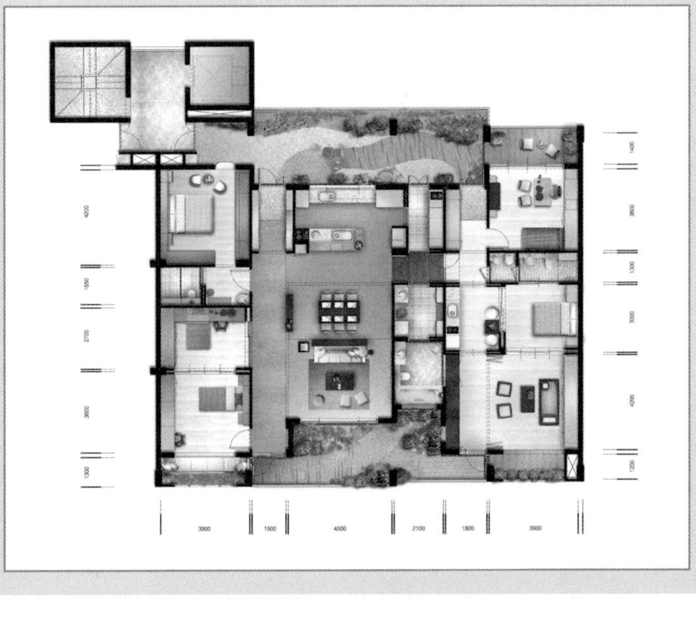

그림 1
제안된 건강지향형 주택 평면도ⓒ

거형태로 여겨져 오던 가운데, 보이지 않는 수많은 사회문제를 일으키거나 이를 완화시켜주는 완충역할을 못해 옴으로서 다양한 요구를 지닌 '현대인의 삶의 질'을 지켜주지 못했으며, 이는 또한 앞으로의 복합적 기능 사회에 맞는 미래주거를 푸는 데는 더욱이 지양해야 하는 치명적인 속성이기 때문에 이 획일성을 탈피하는 가변성이 미래형 주택을 푸는 첫 열쇠가 되기 때문이었다.

이 중 몇 가지 주요 국면을 뽑아 소개하고 이것이 노인 복지를 위해 어떻게 연계되는지를 서술하면 다음과 같다.

1) 영역 구분의 다양한 가능성

- 2개의 독립적 생활이 가능하도록 출입구, 부엌, 화장실이 두 영역에 각각 갖추어져 있다.
- 2개의 영역에서 서로 교류하면서 살 수 있도록 개폐할 수 있는 내부 통로가 있다.
- 교류 시 프라이버시 보호를 위해 각 침실 군이 공동공간을 가운데 놓고 분리되어 있다.
- 각 침실군의 중간 방이 융통성을 지니도록 두 면이 미닫이문으로 처리되어 있다.

| 치매노인의 복지적 관점 |

- □ 삼대가 동거할 경우 두 세대간 특히, 고부간 생활 스트레스를 경감시키고 한 울타리 내에서 살되 독립적으로 구분할 수 있는 특성은 노부모 세대에게는 이때까지 살아온 생활양식을 독립적으로 지속되게 하여 심리적 건강을 유지하게 하며, 자녀세대에게는 나름대로의 생활양식과 가족의 프라이버시를 지킬 수 있어 사회적 건강을 증진시킨다.
- □ 친척, 친지, 가정봉사원, 교우 등의 방문을 기존 동거가족의 생활 침해 없이 수용할 수 있다. 이는 부양가족의 육체적 피로와 갈등을 줄이고 심리적 건강을 지켜줄 뿐 아니라 보다 건전한 가족관계가 지속되도록 해줄 수 있는 사회적 건강을 지향하는 특성이 될 것이다.
- □ 지역의사, 간호사, 간병인, 친척, 친지 등 환자의 인생에 필요하거

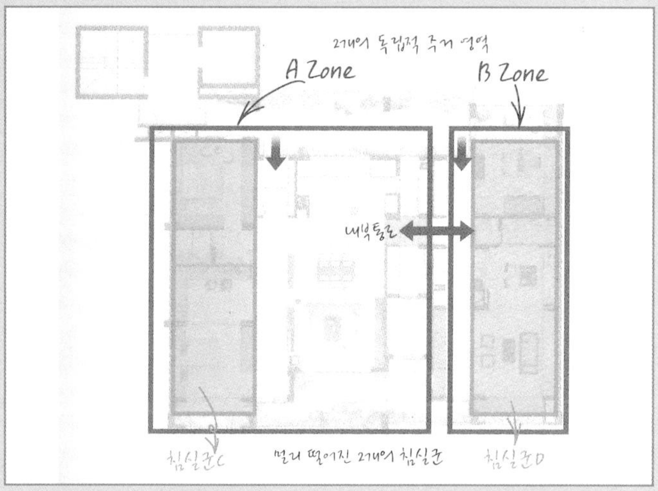

그림 2
2개의 독립적 주거 영역(A,B) 내부통로, 멀리 떨어진 2개의 침실군(C,D), 침실군의 중간방(E)은 가족과 동거하거나 전체를 노인세대가 다 쓰거나 일부를 이웃과 나누어 쓰거나 하는 경우 모두 노인의 사회적 건강을 지켜줄 수 있게 되어있다. ⓒ

그림 3
중앙에 거실, 식당, 부엌 등 공동공간이 위치해 있어 양쪽 침실군의 프라이버시를 보호해줄 수 있으며, 공간이 열려 있고 남쪽은 햇볕이 잘 들어오게 되어있으며 실내에서 식물도 가꿀 수 있어 대부분의 시간을 주택에서 보내는 노인에게 쾌적한 생활환경이 된다. ⓒ

그림 4
각 침실군의 중간방은 여러 용도로 사용될 수 있게 되어 식당, 거실, 침실, 서재, 드레스 룸, 수납방 등으로 활용할 수 있으며 특히, 자녀나 친지 방문에 융통성 있게 이용할 수 있다. ⓒ

나 친밀한 관계에 있는 사람들의 방문을 보다 편하게 수용하여 노인을 가족 및 사회적으로 고립하지 않게 함으로서 사회적 위로 통로를 열어놓게 하여, 은연중 보호 받게까지 하고 본인은 물론 가족친지와 사회에 불필요한 긴장을 완화시킬 수 있다.

□ 방 수가 융통성 있게 필요한 노인세대에게 보통 때는 터서 넓게 쓰다가 가족 친지 방문 시에는 닫아 방 수를 늘릴 수 있어 방문가족을 수용할 수 있다는 심리적 건강과 교류 가능하게 함으로서 사회적 건강을 증진시킨다.

2) 외부 문과 창의 배치

■ 남 · 북 발코니에 면해 있는 모든 공간에 문이나 창이 있게 하되 중간 방에서도 남향 쪽으로 열리도록 되어있어 주택의 모든 공간이 외부에 열려 있다.

■ 안과 밖을 연결하는 동선으로서 남 · 북 발코니의 2개 출입문을 연결하여 생기는 ㅁ자형 통로와 전면 발코니 문2개와 내부 복도를 연결하여 생기는 작은 ㅁ자형 통로가 형성되어 있다.

■ 남측과 북측영역은 70 : 30 비율로 할당하여 중간 가로축을 기준으로 남쪽에는 주로 거하게 되는 생활공간을, 북쪽에는 작업이나 물품과 식품 보관을 위한 공간을 배치하였다.

■ 공동 영역인 경우 북쪽 부엌, 중간 식당, 남쪽 거실 순으로 그 높이가 낮아지게 위계화 되어 있다.

| 치매노인의 복지적 관점 |

□ 빛, 열 환경, 공기환경이 질적으로 높게 유지됨으로써 노인의 노화기능을 보관해 생리적/신체적 건강뿐 아니라 심리적, 정서적 건강에도 이롭다.

□ 노인에게 주택 내에서도 외부공기를 마시며 움직일 수 있는 최대거리를 제공함으로써 신체적/생리적 건강에 이로우며, 박스형 밀폐된 주거에서 밖을 나갈 수 있다는 지각된 통제력을 제공하여 심리적 건강에도 도움이 된다.

□ 주로 거의 모든 시간을 주거 내에서 보내게 되는 노인환자에게 특히 남쪽을 크게 할당하여 적절한 온도감을 유지시켜 줌으로서 생리적

건강을 지원한다. 또한, 북쪽 영역을 닫을 수 있게 하고 남쪽에 온기가 더 잘 머무를 수 있게 하여 에너지 절약은 물론 경제적 관리를 할 수 있다.

- ㅁ 치매노인이 중증와상 상황이 된 경우 집안에서 보다 쉽고 자연스럽게 조경을 접할 수 있게 되어 있어 신체적, 정신적 건강을 지원한다. 특히, 치매노인에게는 안전한 배회의 동선을 여러 형태로 제공하여 치유환경이 될 수 있는 여건을 제공함으로써 가족동거상황이나 공간사용방식에 따라 배회동선도 선택하여 이용할 수 있다.
- ㅁ 최대로 열려있는 공동공간과 각 남쪽침실로 확장하여 큰 공간으로 활용할 수 있게 하는 중간 방은 치매노인들이 보다 쉽게 공간을 인

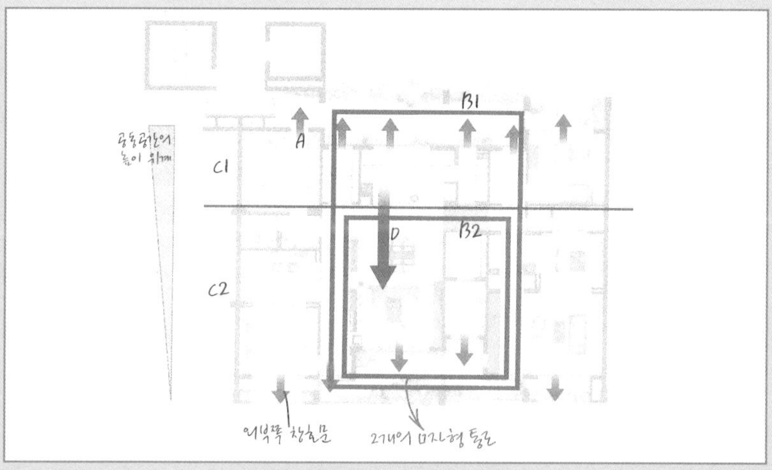

그림 5
2개의 ㅁ자형 통로, 남북의 비율, 모든 외부쪽 창호문, 공동공간의 높이 위계 (A)특성은 대부분의 생활을 주택내부에서 보내게 되는 노인에게 쾌적한 환경과 건강을 증진시키는 기회를 부여한다. ⓒ

그림 6
집안의 모든 공간이 옥외 창으로 연결되어 있어 채광과 통풍효과가 좋게 되어 있으며 계절 감각을 느끼는 자연을 늘 접할 수 있게 되어 있다. ⓒ

그림 7
집안 어느 곳에서나 옥외 발코니 정원을 볼 수 있는 Vista 효과가 있게 하여 집안에서도 시간과 계절 변화 감각 등을 느끼고 즐길 수 있게 하였다.

지할 수 있게 해 줄 뿐만 아니라,방문자가 생겼을 때 이를 쉽게 수용하고 가족모임 등 중대규모 행사도 무난히 수용할 수 있게 됨으로써 비상시를 대비한 걱정을 덜어 심리적, 사회적 건강을 증진시킨다.

3) 실내 조경

- 전면, 후면 발코니와 작업위생공간 Y축 띠를 연결하여 H자형으로 조경이 형성되게 하여 집안 전체가 조경 존과 연계되어 있다.
- 조경요소로 식물, 동물, 물, 흙, 나무, 돌 등을 활용하여 다양한 질감과 자연성은 물론 공기정화효과, 치유기능이 있는 향 효과, 소음완충효과의 기능을 발휘하게 하였다.
- 모든 통로는 현관에서의 3cm 높이를 제외하고 동일 높이로 하였으며 물이 들어오지 않게 문 주변에는 넓은 트렌치를 설치하였다.
- 공동욕실 전실에는 실내 벽천을 설치하여 음향, 향기, 물 흐름, 조명 등을 조절하게 하여 도시조경요소가 일상 생활화 되게 하였다.

| 치매노인의 복지적 관점 |

□ 자연과 자연이 지니는 제반 다양한 자극 요소들을 치매노인이 일상적으로 접할 수 있어 정서적 안정감과 휴식을 취할 수 있게 하여 *신체적, 정신적 건강*을 지원한다.

□ 산소를 내고 공해 및 냄새를 제거하고 치유효과가 있는 향을 내는

식물을 이용하여 공기환경을 개선시킴으로써 치매노인의 *생리적 건강*에 도움이 된다.

- □ 발코니자체가 이중 벽(double envelop)의 개념으로 외부 소음과 온도를 완충시키는 기능을 하고 특히, 흙과 자연재, 식물 등은 흡음효과가 있어 일상생활의 background stressor 인 소음문제를 완화하는 역할을 하여 *생리적, 정신적 건강*을 지원한다.
- □ 실내 벽천은 공기의 습도를 조절하고 치유향을 발산하고 좋은 음악과 물흐름 소리와 물이 흘러가는 움직임을 통해 노인의 심신 건강은 물론 치매노인의 치유효과를 높이는데 기여되게 하여 *신체적, 정신적 건강*을 지원한다.
- □ 노인, 장애노인, 환자노인이 간병인의 도움을 받아 움직이거나 이동보조기구, 휠체어 등을 사용하게 될 때 집안 발코니를 포함한 모든 공간에 접근이 가능하도록 하여 이들을 위축시키지 않고 일상생활과 활동, 운동을 할 수 있는 여건이 되게 하여 *신체적, 정신적, 사회적 건강*을 지원한다.

4) 수납가구 · 기기 시설

- ■ 수납공간의 양이 기존아파트보다 월등히 많고 이들은 벽 쪽에 공간의 낭비가 없는 방향으로 설치되어 있을 뿐 아니라 공간간 프라이버시를 강화시켜 줄 수 있도록 위치되게 하였으며, 공간기능에 맞게 각각 충분한 수납이 분산 설치되어 있고 공간기능의 변화에 유연하게 대처되게 되어 있다.
- ■ 집안 여러 곳에 디지털 기기가 설치될 수 있게 배려되어 선과 콘센트 등이 충분히, 그리고 적절히 분산되어 있다.
- ■ 그림과 사진 등을 걸 수 있는 벽면과 놓을 수 있는 가구들이 다양하게 마련되어 있으며, 이들이 환자의 위치에서 쾌적하게 보여질 수 있도록 공간적 거리와 필요 시 적절한 위치로 이동시킬 수 있는 융통성 있는 가구를 배려하였다.
- ■ 사용자의 상황에 따라 높이가 변할 수 있는 부엌, 욕실, 책상 등이 갖추어 질 수 있게 하였다.
- ■ 내부 천정에는 거의 보이지 않게 강한 레일이 삽입되어 있어 공간을 구획하는 스크린이나 간벽, 디지털 TV나 기구의 이동뿐 아니라 환자

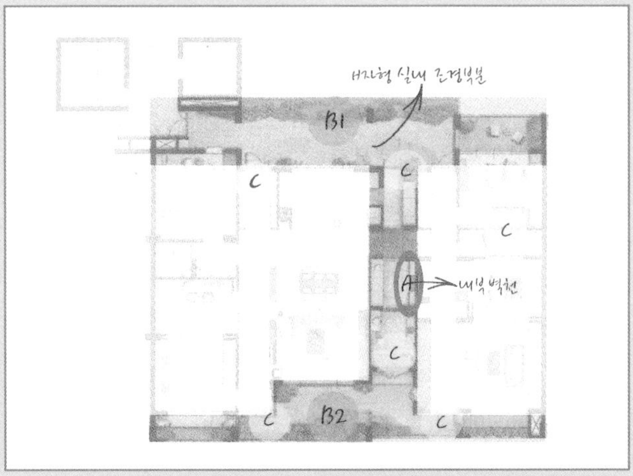

그림 8
H자형 실내조경부분과 내부 벽천(A)

그림 9
자연재를 사용하여 조경개념을 연계시키고 보조손잡이를 부드럽고 편안하게 제공하여 욕실사고를 방지하고 휠체어 사용시에도 이용 가능하게 하였으며, 바닥이 동일높이로 되어 물이 흘러 넘치지 않게 배수용 트렌치를 설치하였다.

그림 10
모든 욕실과 다용도실은 앞뒤 발코니 정원을 연결하는 조경개념으로 디자인 되어 자연재와 수족관 등 옥외공간의 특성을 느껴 정서적 건강에 도움이 되게 하였다.

발생시 hoist까지를 걸어 이동시킬 수 있는 적응성(adaptability)을 지니게 하였다.

| 치매노인의 복지적 관점 |

□ 장애노인 그리고 노인환자 발생시 이들의 요구에 적절히 공간이 변형될 수 있게 되어 있고, 그 공간에서 일어나는 제반 활동과 행위를 수용하게 면적이 확보되어 있으며 가구를 이동할 수 있는 융통성이 있어 *심리적 · 사회적 건강*을 지킬 수 있다.

□ 병이 악화 되어 거동이 불편한 경우 노인환자의 편의는 물론 간병인의 피로감을 도와주기 위해 천정에 이동식 hoist를 설치할 수 있도록 함으로서 중증환자의 care까지도 수용하게 되어 있어 환자와 간병인의 *신체적, 정신적, 사회적 건강*을 지원한다.

□ 원격 진료를 위한 제반 장치 및 기기설치가 용이하도록 되어 있어 번잡함이 없이 가족과 취향에 따라 장소의 제약을 받지 않고 편리하게 사용할 수 있으며 특히, 환자가 기거하게 되는 장소에 환자의 불편함을 초래하지 않고 융통성 있게 사용되게 함으로서 *신체적, 심리적 건강*이 도움이 되게 한다.

□ 노인 환자의 경우 주변 가족, 친구 그리고 각종 추억을 되살리는 그림, 사진, 장식품 등이 많은 점을 배려하여 이들로부터 위로 받고 이들을 즐길 수 있도록 전시를 할 수 있는 충분한 벽과 가구 등이 제공됨으로써 이들의 정서적 안정감과 정신적 건강을 유지하게 할 수 있다.

□ 이동이 불편한 노인 환자의 경우 침대 주변이 거의 우주적 생활공간이 되므로 이 주변에 필요한 모든 물품을 놓고 사용할 수 있도록, 또 위급 시 긴급연락을 취할 수 있는 벨이나 사용기구를 위한 전기 콘센트 등 및 사용기기 · 기구 등을 병원처럼 보이지 않고 잘 정돈하여 친밀한 분위기를 지속시키도록 해 줌으로서 *정서적 · 지각적* 박탈감이 생기지 않게 한다.

□ 높이를 이동 조절할 수 있는 침대, 세면대, 부엌 싱크, 책상은 노인 환자, 장애 노인이 안전하고 편하게 일상생활을 지속할 수 있도록 재활 기능을 높임으로서 *신체적, 정신적, 사회적 건강*을 유지하게 할 수 있다.

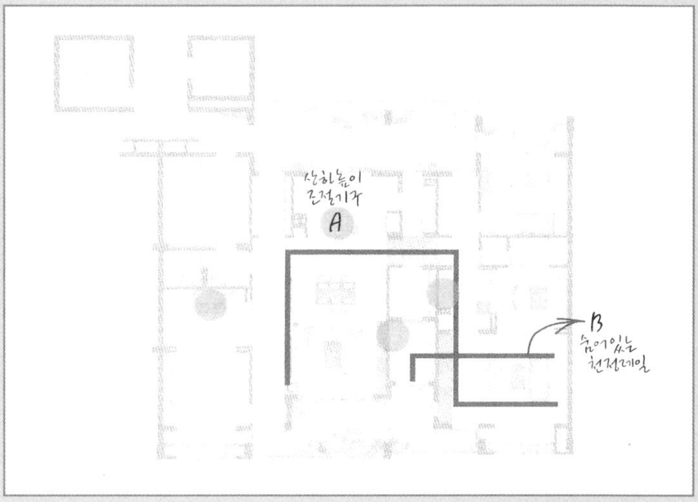

그림 11
충분한 수납가능면적, 가구배치의 융통성, 숨어있는 천정레일(B부분), 상하높이 조절가구(A부분)특성은 노인생활을 가능한 만큼 오래도록 자립적으로 시설에 가지 않고도 살 수 있는 가능성을 지원해 준다.

그림 12
햇빛이 잘 들어오는 툇마루식 윈도우시트, 수납가구가 놓인 전통 웃방식으로 쓰인 복도가 열린 벽쪽에 발코니 정원을 열어 즐길 수 있는 작은 문과 추억의 그림, 식물 등을 놓고 감상할 수 있으며, 노쇠해져서 화장실이 더 인접해 있어야 하는 경우 문을 열어 쓸 수 있게 되어 있는 화장실 앞문이 맞은편 놓은 가구의 오른쪽에 보인다.

그림 13
노인이 와상노인이 되었을 때 노인실이 치유를 위한 병실기능도 할 수 있도록 제반 수납시설이 융통성있게 갖추어져 있으며 천정에는 미리 삽입된 레일을 이용하여 필요시 TV, 환자이동용 hoist를 사용할 수도 있게 되어 있다. 옆방은 간병인이 상주 시 임시 거주할 수 있으며 노인침대와 안락의자 주변으로는 가족사진과 소유 장식품 등 노인의 추억에 소중한 물건들을 놓고 즐길 수 있게 되어 있다. 침대에 많이 누워 있게 되는 경우 천정에도 휴식적 그림이 있고 발코니를 통해 식물도 지켜볼 수 있다.

3. 주요 환경행태학적 개념 관점에서 본 제안 주택의 디자인 특성

앞서 제시한 아홉 가지의 주요 원리이자 개념에 따라 본 제안주택이 지니고 있는 특성을 정리하여 제시하면 다음과 같다.

첫째, 안전성을 보장한다 (ensure safety & security).

- 하나의 대문 안에서 옥외공간은 양방향으로 접근하게 하여 집밖 배회로부터 보호되게 하였다,(Exit control).
- 신체적 손상을 유발하는 사고가 없도록 바닥단차를 동일하게 하고, 현관 3cm차이 있을 경우 재료를 달리하여 쉽게 인지되게 하였다.
- 욕실 등에는 미끄럼방지가 가능한 자연재 질감을 사용하였다.
- 욕실, 현관 등 보조손잡이를 설치하였다.
- 복도 주변 가구 등이 튀어나오지 않도록 사전에 가구공간을 정의 내렸다.
- 모든 이동 폭은 휠체어 다닐 상황을 수용하도록 적절히 확보되어있다.
- 안전하게 발코니 정원을 배회하도록 안에서 신발을 신지 않고도 바로 나다닐 수 있는 통로를 만들었다.
- 대문에는 아래위 잠금 장치가 있고 벽처럼 보이게 처리하여 나갈 수 있는 충동을 느끼게 되는 단서를 제거하였다.
- 밖에서 배달 물품을 넣고 갈 수 있도록 하여 방문자의 문을 열어주면서 밖을 나가게 되지 않게 하였다.

둘째, 의미 있는 활동을 통해서 기능적 능력을 지닌다 (support functional ability through meaningful activity).

- 일상생활을 그대로 지속되게 즉, 조리하고, 잡담하고, 정원을 가꾸고하는 습관들을 자유롭게 하도록 일상적 공간을 제공하였다 (residentiality).
- 정원 산책을 자유롭게 할 수 있도록 전후면 발코니의 정원이 형성되게 하였다.

- 식물, 채소 가꾸기, 동물 기르기 등을 할 수 있도록 하였다.
- 옛 생활을 연상하여 집안 내에서도 활동할 수 있도록 물가, 수돗가등을 가능하게 하였다.
- 배회가 하나의 문제행동이 아니라 산책이 될 수 있도록 복도 끝에는 투명 문 사이로 보이는 정원을 두고 자연스럽게 정원의 산책으로 이어지게 하였다.

셋째, 인지와 방향성을 높여준다 (maximize awareness and orientation) .

- 공동공간은 체계적으로 열려있어 한눈에 쉽게 인식할 수 있게 되어있다.
- 모든 통로가 공간간의 연결을 쉽게 이해할 수 있도록 돕게 되어있다.
- 실내외를 쉽게 이해하도록 개방화하였다.
- 침실도 쉽게 인지할 수 있게 특성이 각각 다르게 계획되어 있다.
- 중간 방은 터서 보다 쉽게 공간을 연계해서 이해되게 하였다.
- 모든 방에서 바깥의 전경을 보게 하여 시간과 계절의 변화를 쉽게 인지하도록 하였다.
- 한 통로상에서 움직이면 모든 공간에 접근하도록 하였다.
- 욕조, 변기와 바닥, 벽을 구별하도록 대조되는 색의 재료를 사용하였다.
- 공간의 구성이 비교적 단순하여 복잡하고 혼돈감이 없도록 하였다.
- 복도 상에 있는 현관, 부엌, 안방 벽의 가구 등이 명확히 달라 공간인지에 도움이 되게 하였다.
- 복도공간의 천정을 갖추고 바닥재 패턴을 다르게 하여 인접공간에 열려있더라도 복도라는 인식을 할 수 잇게 하였다.

넷째, 적절한 환경적 자극과 조건을 제공한다 (provide opportunities for stimulation and challenge).

- 자극의 양과 질을 필요에 따라, 치매증상에 따라 조절할 수 있도록 많은 벽면이 제공되었다.

- 전후면 발코니 정원은 다양한 감각적 자극을 제공하게 하였다.
- 외부 친지들이 올 수 있는 별도의 출입구가 제공되어 있어 적절한 사회적 자극이 유지되게 하였다.
- 두 유니트 사이 가족간 상호 작용하여 사회적 자극의 가능성을 열어두었다.
- 다양한 배회통로(walking path)를 마련하여 이동에 따라 다양한 자극적 경험을 하게 되어있다.
- 다양한 자극 즉, 소리, 움직임, 향, 빛 등을 제공하는 실내 벽천을 설치하여 감각적 경험을 제공하게 하였다.
- 방문자의 특성에 따라 공간의 기능을 적절히 선택할 수 있도록 열고 닫을 수 있는 미닫이 문으로 되어있다.
- 바깥 발코니를 나가지 않고도 자연재료의 촉감을 느낄 수 있도록 위생공간zone에 다양한 자연재료가 사용되었다.

다섯째, 자율성과 통제력을 최대화하였다 (maximize autonomy and control).

- 옥외공간을 자연스럽게 나가게 하기 위해 보호를 위한 큰 대문을 설치하였다.
- 일상생활을 그대로 지속할 수 있도록 모든 기본 공간여건이 다 갖추어져 있다.
- 공간을 변형 사용할 수 있는 가능성을 높게 하였다 (independence).
- 움직임을 제한하지 않고 원하는 대로 걸을 수 있도록 여러 이동동선을 제공하였다.
- 스스로 안전하고 편하게 일할 수 있도록 상하조절 작업대, 세면대가 설치되어 있다.
- 복도를 기준으로 쉽게 환경이 인지되게 하여 스스로 통제감 있는 생활을 가능하게 하였다.
- 기존 소유가구를 선택에 따라 놓을 수 있고 또 놓아도 전체공간의 질서나 미학적 특성이 유지되게 가구위치와 면적을 할당하였다.
- 내부 복도공간에는 사이사이 미닫이 포켓도어가 있어 원할 때

자유롭게 열고 닫을 수 있도록 하였다.

- 감각적 자극 즉, 조명, 물, 물흐름, 음향, 향 등을 조절할 수 있도록 벽천에 조절 장치를 제공하였다 (sensory Comprehensibility).
- 용변 등 일상생활을 자신의 힘으로 하도록 화장실/욕실 위치가 인접되게 하였다.
- 의자, 툇마루, 바닥, 윈도우시트 등 다양하게 앉을 수 있는 기회를 제공하여 스스로 공간을 선택할 수 있게 하였다 (personal path).

여섯째, 변화하는 요구를 만족시킨다 (adopt to changing needs).

- 치매증상이 악화되고 중증환자가 되었을 때 간병에 필요한 hoist를 설치할 수 있게 레일을 천장에 내장하였다.
- 좌식으로 앉거나 서거나 걸터앉거나 등 다양하게 상황과 기분에 따라 앉을 수 있는 공간을 마련하였다.
- 공간이용상의 변화가 있을 시 이를 융통성 있게 만족시킬 수 있도록 가변적으로 활용하게 하였다.
  부엌과 중간 방, 남쪽침실과 통로 쪽 윗방기능공간, 남쪽침실과 중간 방 사이를 융통성 있게 가변적으로 활용하게 하였다.
- 상황에 따라 다르게 쓰도록 상하조절이 가능한 부엌, 세면대가 설치되어 있다.
- 조명의 조도를 조절할 수 있도록 조명기구의 수, 조광계 등을 효과적으로 사용하였다.
- 크고 작은 배회통로를 마련하여 선택 가능하게 하였다. 이때, 조절스위치는 보다 쉽게 이용되도록 재미있게 디자인 될 수 있다.

일곱째, 건강하고 친숙한 것을 연결시킨다(establish links to the healthy and familiar).

- 자연의 제반 요소, 식물, 흙, 물, 돌 등을 전후 발코니 정원에 위치시켰다.
- 가족사진, 여행추억, 학교생활 등 제일 추억에 남는 생활들을 담은 사진액자 류 등을 놓거나 벽에 걸 수 있게 많은 공간을 배

려하였다.

- 모든 인간에게 치매증상에 무관하게 가장 친숙한 물의 흐름을 일상시간에서 느끼도록 내부공간 벽에 벽천을 설치하였다.
- 이때까지 가지고 있는 제반 소유 생활재를 잘 담아낼 수 있도록 공간크기에 대한 충분한 배려를 하였다.

여덟째, 사회화를 할 수 있는 기회를 제공한다 (provide opportunities for socialization).

- 친지와 교우들이 보다 쉽게 방문할 수 있도록 별도의 출입구가 있다 (social space).
- 가족과 융화력 정도에 따라 열어 쓸 수 있는 내부통로가 있다.
- 자녀세대의 집을 터서 함께 사용하는 경우 어디서든지 안전하게 배회 통과함으로써 사회화 할 수 있는 기회를 제공하였다.
- 의사소통이 보다 쉽게 가능하고 또 이를 장려하도록 모든 공간이 열려있거나 연계되어 있다.
- 큰 소리로 커뮤니케이션을 할 수 있도록 이웃에 방해가 되지 않게 이중벽(double envelop)개념으로 주택이 설계되어 있다.
- 전후 발코니 정원은 흡음효과를 지니는 흙, 식물 등으로 되어 내부공간에서 의사전달이 명료한 환경이 되게 하였다.

아홉째, 프라이버시에 대한 요구를 보호한다 (protect the need for privacy).

- 복도가 일자형으로 서로 뚫려있어도 내부 각 공간의 기능이 수행될 때 프라이버시가 지켜지도록 되어 있다.
- 열려 있어도 별개의 공간 안에 들어있다는 의식이 들 수 있게 공간이 처리되어 있다.
- 정원에 앉아서 조용히 명상하며 쉴 수 있는 벤치를 설치하였다.
- 툇마루 옆에 발코니 쪽으로 작은 쪽문을 설치하여 자연을 보며 혼자서 조용히 쉴 수 있는 공간이 마련되어 있다.
- 가족간 생활의 갈등을 피하기 위해 일시적 혹은 영구적으로 닫을 수 있는 내부통로 문이있다.

- 소유하고 있는 가구와 생활재들이 침실 내에 들어갈 수 있어 개인에게 사적으로 중요한 의미를 지니는 물품들에 둘러싸여 생활할 수 있도록 충분한 수납면적이 제공되어있다.

4 나오면서

치매란 고령화가 진전되는 현대사회에서 우리 스스로와 우리가족과 사회에 위기감을 불러일으키는 요소로 우리 주변에 잔잔히 그러나 무섭게 파고 들어오고 있다. 이제 치매노인과 이들 가족의 절망을 지켜 볼 수만은 없는 상황에 이르고 있다.

특별한 달의 행사와 매스컴 상에서 몇 번 사회적 관심을 불러일으키는 단계를 넘어 이들 복지에 대한 방향이 이제는 명확히 서고, 어떤 일관성 있는 추진방안이 제안되고 이것이 효율적으로 실행될 수 있는 전략이 구체적으로 설정되어야 한다.

이를 위해서는 우리보다 훨씬 앞서 겪은 국가들의 시행착오 경험은 우리에게 귀중한 자료가 될 수 있으며, 이들이 결국 추구하게 되는 방향은 우리의 방향을 설정하는데 무시못할 중요한 자료가 된다. 그러므로 이 역사적 변천과정과 미래를 향해 현재 나가고 있는 방향을 총체적으로 이해하고, 해석하여 이 기반 위에서 우리의 방향을 설정하고 점검할 필요가 있다.

이러한 세계적 추세와 드러나고 있는 추세의 보이지 않는 배경 차원을 제대로 해석한다면, 그리고 우리의 문화적 특성과 우리 사회가 지니고 있는 약한 복지 기반을 감안한다면 치매전문병원과 더불어 '집' 그리고 '집과 같은 중간주거시설'의 중요성이 역력함을 인식 할 필요가 있다.

치매노인시설은 단순히 물리적인 환경실체가 아니라 복지서비스를 담아주는 장이자 이를 효율적으로 실행하게 하는 자원이다. 복지 서비스를 소프트웨어라 한다면 집과 시설 등의 물리적 환경은 하드웨어라 할 수 있다.

도시계획에서 건축, 실내건축디자인, 제품디자인에 이르기까지 모든 인위적인 환경을 창조하는 분야는 그 모든 과정에서 이루어지는 크고 작은 결정들이 어떻게 치매노인과 가족과 간호사의 삶을 좌우하고 생활에 치명적인 영향을 줄 수 있는지를 보다 진지하게 생각하고 전문직에 임해야 할 것이다. 이제는 공간도 약처럼 의사의 처방전 자원으로 인지된다면,그리고 돌보는 사람과 약과 함께 공간도 주요자원으로 인지된다면, 치매노인과 가족의 삶의 질은 보다 안정되게 보호되고 사회문제화 되어 드러날 수 있는 가능성은 줄어들 것이다. 복지공간학의 발전과 복지공간설계 · 디자인 전문인의 육성은 미래 치매노인복지를 위해 더 이상 미룰 수 없는 필수적인 과제이다.치매노인을 위한 환경으로 사려 깊게 창조된 환경은 결국 대부분의 일반인과 가족들에게도 더욱 좋은 환경이 됨을 알 수 있다. 왜냐하면 정서적 감각과 휴양과 적절한 창의적 소일과 안전에 대한 필요는 치매노인에게 치명적으로 예민하게 작용하지만 모든 현대인이 추구하는 이상적인 환경의 속성이기 때문이다.

특별한 격리, 특별한 처치, 특별한 대우, 특별한 시각보다는 한 단계 높게, 보편적 통합을 지향해서, 치매시설을 특별히 위치적으로 분리하기보다는 일반주거지역내로 위치하게 하고, 그것이 지역사회 내에 특별히 닫혀 운영되게 하기보다는 지역사회 복지를 위해 열려 개방되게 하고, 이들의 사용요구를 특별히 만족시키는 디자인을 강조하기보다는 이들의 요구도 자연스럽게 담아 안는 디자인도 장려해야 한다.

치매노인을 위한 환경은 분명 일반주거환경이나 일반 노인주거환경과 달라야 하는 점이 있을 것이나, 보편적으로 해결하는데 최대로 노력한 후 특별히 차별화 되어야 할 부분만을 다르게 해결해야지 처음부터 모든 것을 다르게 접근하고 해결하려 한다면 또 하나의 시행착오가 기다리고 있을 뿐이다.

장애물이 없는 길, 부드러운 곡선으로 이어진 길, 이웃간 서로 지켜볼 수 있게 배치된 주거단지, 사계절 조경이 풍부한 단지 내 공원은 거주자의 신체적, 정서적, 사회적 건강을 지원한다.

앉을 수 있는 시설, 모여서 행사할 수 있는 시설은 거주자의 신체적 사회적 건강을 도모한다.

신선한 공기 속에 싱그러운 자연 위에 적절히 이웃간 떨어져 프라이버시를 지킬 수 있는 주택은 건강주택일 수 있다. 그러나 내려와 보일 수 있는 전경을 주는 언덕은 계단을 불가피하게 하며 이것이 노후가 되면 안전에 위협을 주고 불안하게 하는 요소가 된다.

손잡이와 햇볕, 밖이 보이는 창문이 있는 계단실, 옥외 정원에 붙어있는 주차장은 생리적, 심리적 건강을 지원한다.

인지력이 떨어지는 노인거주자들에게 쉽게 들어오도록 튀어나와 있고 또 지붕이 있어 비를 피하게 되어 있는 노인주택건물, 따스하고 친밀하게 보이도록 난색으로 그림이 들어가 있는 건물, 사람을 기다리거나 쳐다보며 쉴 수 있는 현관 앞 벤치 등은 노인거주자들의 신체적, 심리적, 사회적 건강을 도모하는 특성들이다.

일반 주거지역에 통합되어 들어가 있는 노인거주자들을 위한 집합주택으로서 노인전문 주거시설로 이동하지 않고 지역사회에 그대로 살게 해주는 이상적인 주거단지이다. 인근의 주거동과 유사하나 자세히 보면 윗층에서 내려오지 않고도 쓰레기를 아래로 내려 보내는 덕트, 엘리베이터, 주민간 교류하는 테이블 등 섬세한 배려가 숨어 있어 노인의 자립성과 건강성을 지원한다.

안전한 접근로, 안과 밖이 투명하게 보이는 현관 등은 일반 주거지역에서도 노인들이 더욱 심리적으로 편하게 살 수 있게 해주는 특성이 된다.

건물 현관 앞에 각 주거단위의 층과 위치를 암시하는 우편물함이 있으며, 이들 색 또한 각 단위로 가는 복도의 색과 주호의 문 색과도 일치시킴으로써 쉽게 방문할 수 있게 되어있다.

일반 주거단지 내에 있는 노인주거동은 다양한 주민들과의 사회적 교류를 가능하게 하며, 여러 주거동 사이의 그늘이 있는 벤치는 오고가는 주민들이 쉬고 또 바라볼 수 있는 거점이 되어 지역사회 애착감을 높이는 요소가 된다.

노부모 세대와 기혼자녀 가족의 주택 사이에 있는 수족관은 생물을 보는 즐거움 외에 양 세대간의 사회적 접촉을 시각적으로도 도모하는 특성이 된다.

작은 실내공간이지만 주변지역에 크게 열려 있고, 작고 아담한 정원이지만 프라이버시와 이웃간 교류를 가능하게 하여 생리적 심리적 사회적 건강을 지원한다.

넓지 않은 공간에 장인정신이 깃들인 인간적인 느낌의 목재가구들은 북유럽인의 삶의 질을 들여다보게 하는 건강 특성들이다. 지나치지 않고 편안하며 아름다운 그리고 품위 있으며 소박한 삶을 연상하게 한다.

세탁기와 더불어 기후가 좋을 때 늘 손빨래와 건조를 할 수 있는 시설은 에너지를 아끼고 삶의 건강성을 추구하는 일면을 보여주기도 한다.

이중 엔빌롭으로 구성된 노인주거시설로서 옥외 기후가 차거나 더워도 노인 거주자들이 밖으로 나가지 않고도 마치 그린하우스나 옥외에 있는 것처럼 즐길 수 있게 하며 생리적, 심리적, 사회적 건강을 도모한다.

거실 안락의자에 앉으면 이웃의 움직임이 보이고, 아침에 일어나 부엌에 서면 바깥의 새소리와 자연이 들어오고, 어디에 앉던 다 보이게 열려있고 많은 의자가 이웃간의 교류를 가능하게 하는 특성들은 노인 거주자를 건강하게 자립할 수 있는 기간을 연장하여 준다.

한쪽으로 정원에 열려있는 유리벽 위에 다양한 가구배치는 노인거주자에게 미학적, 심리적, 사회적 선택을 가능하게 한다.

대규모 노인촌 내의 식당들로서, 초기미국식, 네오클래식, 레전시 양식 등 다양한 실내디자인 양식의 식당들을 제공하여 노인거주자들이 취향에 맞게 선택할 수 있게 하여 줌으로써 심리적, 정서적, 사회적 건강을 지원한다.

각 단위 주호 앞에는 커다란 연못과 그 사이에 다양한 가구들이 배치되어 있어 심리적 안정감과 사회적 교류를 지원한다.

고급 노인주택의 전경으로 공동거실이다. 이곳 거주노인들의 사회적 지위와 이전 살아왔던 환경을 자연스럽게 이어주며 공동거실이지만 친밀감과 포근함, 품격을 유지하도록 디자인되어 있다.

고급 노인주택의 로비 옆 응접실 겸 다목적공간 입구이며, 각 주호로 가는 복도에 간간히 놓여있는 앉을 수 있는 코너이다.

반의존노인을 위한 주거시설로서 아래층이 내려다보이는 곳에 쉬거나 게임을 할 수 있는 테이블이 배치되어 있으며 이는 심리적 사회적 건강을 지원한다.

공동로비 옆에 쉽게 들여다보이고 들어갈 수 있는 아늑한 서재가 있어 사용을 자극한다.

공유공간 내에 우체국처럼 된 우편물 수취공간이 있어 노인들의 사회적 접촉을 도모한다.

창가 의자에 앉으면 늘 자연 전경을 보게 되어 계절의 변화와 풍요로움을 느끼게 하며 자극과 정서를 도모한다. 간호원과 간병인들의 업무공간이 늘 일상적 거실에 인접해 있어 시설 같은 이미지가 아닌 일반 주택에서 보호받고 있는 안정감을 준다. 각 노인실 앞에는 노인들의 개성과 취향을 보여주는 장식이 되어 있고 이것이 길 찾기를 더욱 용이하게 한다.

치매노인들에게는 남아있는 기억의 이미지를 적절히 제공함으로써 삶에 긴장을 주지 않는 치료가 중요하다. 기억의 상실 정도는 사람에 따라 다르나 누구에게나 어릴 적의 전경, 자연전경 등은 공통적으로 중요하다. 마치 길가를 보는듯한 장식과 그래픽은 중요한 치유법이 된다.

치매노인 거주시설에는 부엌이 중요하다. 먹는 행위는 인생 끝까지 지속되며 먹는 행위와 장소는 누구에게나 공통적인 중요한 기억이기에 이 공간을 일상적 환경으로 제공하여 이 주변에서 익숙한 활동을 하게 해주는 것은 거주자들의 건강과 삶의 질을 지켜주는 주요한 요건이 된다.

실내 벽지의 꽃무늬는 치매노인들에게 마치 화원과 정원을 연상시키는 효과가 있다는 전문적 식견이 있는 만큼 일상 거주자와는 다른 의미가 있다.

치매노인들은 주어진 환경조건을 하루 종일 그냥 쳐다만 보고 사는 경우도 허다하다. 치매노인들에게 남아있는 기억 속에서 가장 편안하게 그러면서도 평온한 감성을 제공할 수 있는 자연적 인위적 환경의 특성이 중요하다.

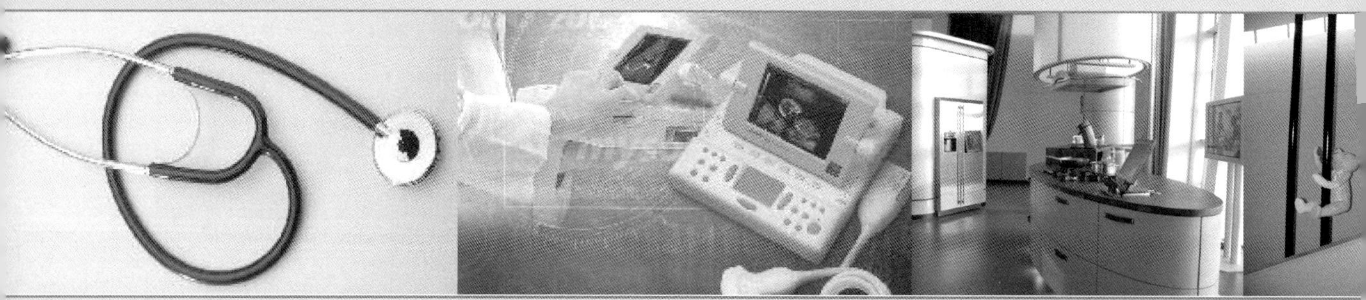

제3부

유비쿼터스시대의 건강주택

5 병원의 경계를 넘어서

1 들어가면서

1. 삶의 세팅인 환경의 총체적 변화

의료 행위를 가능하게하는 기능 환경이 병원이라는 등식으로 자동이해되었던 최근까지의 사고방식에서, 다른 건축환경 특히 주택이 의료행위를 수용하고 지원하는 하나의 행태적 세팅으로 병원시설의 경계를 넘어 의료치유 환경의 개념을 보다 넓게 확장시킬 수 있는 가능성과 실현성이 있는 것일까. 그리고 그것이 20세기 병원이 그러했듯이, 21세기 지금부터 병원과 더불어 국민의 건강을 유지하고 증진시키는 한편 의료(복지를 위한 사회적 · 공간적 인프라 역할을 할 수 있을 것인가.

이제 급속히 변화하고 있는 현대 우리 사회에서 그리고 새로운 현상으로 우리에게 다가오고 있는 미래사회는, 이러한 20세기 공간환경의 편성 방법과 기능에 일대 변화를 초래하고 있으며 그렇게 예측할 수 있는 주요 현상들이 우리 주변에 만연하다.

어떻게 보면 우리는 변화가 너무 빨라서 그리고 지속적으로 일어나서 변화하는 것에 민감해 가는 것보다는 오히려 무뎌져 가고 있는 듯하다. 그러나 그 속에서, 일상적으로 그 변화의 물결을 타고 그냥그냥 살아가도 별무리가 없는 일반 국민 · 시민 · 소비자가 아니라면, 무엇인가를 사회에 적절한 시기에 제안하고 미래의 역할에 대해 스스로를 진단해 보는 것은, 모든 '전문분야'에 있는 소위 전문가들에게 주어지는 의무라 할 수 있는 도전이다.

인간의 삶은 시대, 사회가 변화해도 지속적으로 존재한다. 그리고 변화하지 않는 범문화적, 핵심적인 문화적 부분의 삶이 있다. 그것을 발견하기도 쉽지 않지만 그것으로 인해 변화의 주변 소용돌이 그 자체가 무감각한 껍질로 여겨질 수 있다.

과연 우리는 주택을 종래의 방식으로 사용할것인가. 과연 기업의 업무공간이 그대로 갈 것인가. 백화점과 수많은 상점들은 이때까지의 형상으로 존재할 것인가. 수많은 학교와 교육공간들이 여태까지의 방식으로 가능한 것인가. 과연 병원이 이대로 존속할 것인가. 뭔가 달라져 가고 있다면 그 속에 들어있는 급류와 만류들을 자세히 생각해 보고 이에 대해 정리해서 대처전략을 설정하여야 할 것이다.

그러나 이를 접근하는 방법 또한 달라야 한다. 20세기에 있어왔던 각 분야별 변화를 구분하여 생각하기보다는, 삶의 세팅 자체가 총체적으로 어떻게 변화하고 있는지를 살펴볼 필요가 있다. 왜냐하면 작금의 그리고 미래의 변화는 서로 유기적으로 얽히면서 융해되고 그리고 통합되고 연결되면서 그 자체가 살아있는 유기체처럼 역동적으로 변화할 것이기 때문이다.

그림 1
병원의 개념이 바뀌고 있다. 단지 의료행위만 실행하고 환자를 단지 의료행위의 대상자로만 간주하던 기존 방식에서 환자 중심적으로 전인적 치유를 지향하고 이를 향해 조금씩 조금씩 변화를 보이고 있다. 보다 아름답고 친밀한 건축물들도 그러한 성향을 반영하며 더 쉽게 다가가게 한다.

그림 2
실내는 폐쇄적이 아니라 열려 개방되고 밝고 자연광은 풍부한 공간으로 변해가고 있다. 수많은 병원 내의 공간들의 의료행위를 수월하게 지원해 주고 즐겁게 일하며, 환자들로 하여금 배려받고 대우받고 있음을 느끼게 하고 실제 심리 정서적으로 병원을 보다 편안하게 느끼게 해주도록 변해가고 있다.

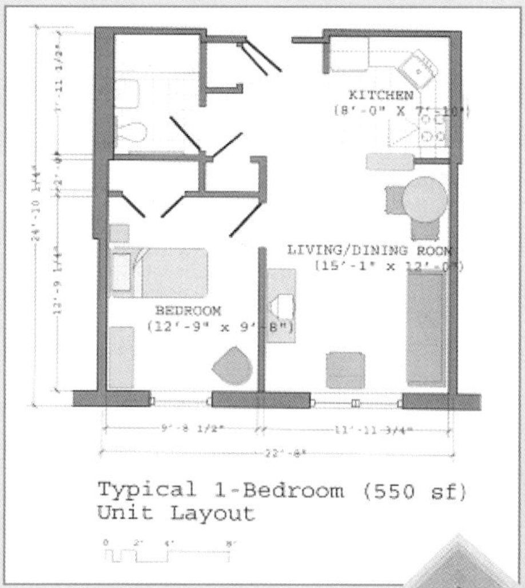

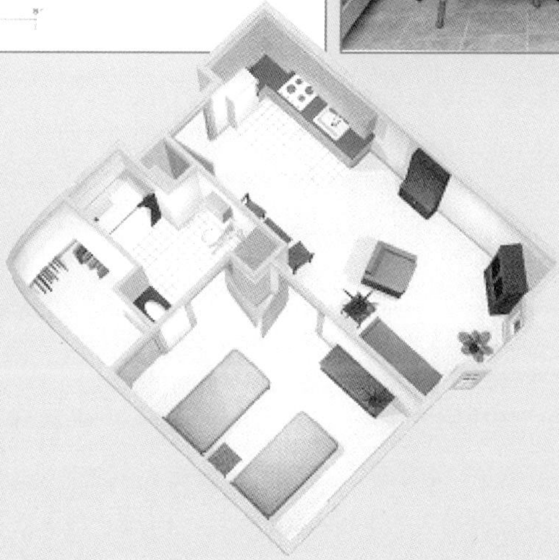

그림 3
건강관리의 개념이 확인되고 그 요구와 서비스 수준이 높아짐에 따라 일반 병원의 병실이 보다 친밀한 집과 같은 환경이 되고, 일반주택이 병원처럼 건강관리적 측면이 보완되어 이들이 점점 가깝게 다가가고 있다.

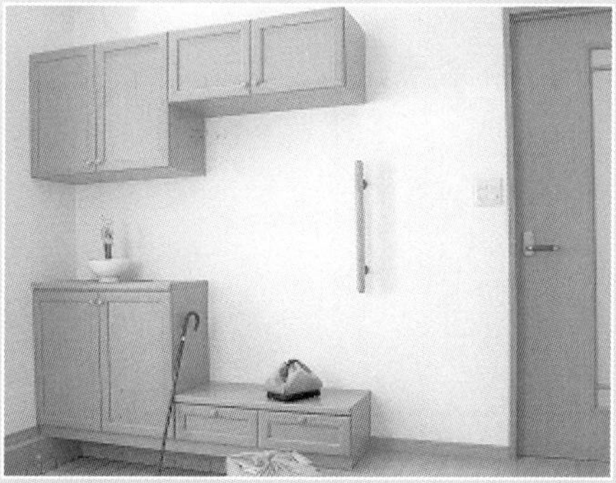

그림 4
신발을 벗고 신고하는 문화권에 있는 거주자에게는 앉아서 이를 행할 수 있는 시설이 설치되어 있으면 바람직하다. 또한 익숙한 일상생활을 가능하게 해주는 배려도 중요하다. 밝은 햇볕이 들어오는 실내정원을 사이로 이웃간 마주보며 교류 가능한 이 노인주택은 노인의 생리적 심리적 사회적 건강을 지원한다.

이는 세계적으로 선구적 실험 도전을 하고 있는 한 과제의 성격을 분석해 보아도 알 수 있다. MIT는 이러한 변화에 도전하고 새로운 미래를 창조적으로 제안하기 위해 "Changing Places(변화하는 삶의 공간)" Project를 시작하였다. 이 거대한 프로젝트는 수많은 다학제적 전문가들의 식견을 통합해서 이를 기반으로 미래 삶의 공간들에 대해 연구하고 제안하는 과제로, 이 전체프로젝트의 세부장르를 분석해 보면 그들이 어떤 생각을 가지고 있는 지를 간접적으로 읽을 수 있다.

- Place for Living
- Place for Working
- Place for Healing
- Place for Community
- Place for Exhibition

이를 통해 알 수 있는 것은 첫째, '변화하는 삶의 공간' 차원을 어떻게 구분하고 있는가 이며 둘째, 20세기까지 우리에게 익숙하게 사용되어 왔던 집, 병원 등 고정된 특정 장소명을 사용하고 있지 않다는 것이다. 즉, 이들 20세기 기능분리주의적 환경분류체계가 무너지고 있고 역동적 mixing을 시작하고 있음을 함축하기도 한다. 그렇다면 오늘 우리가 여기서 관심있게 이야기 해야하는 부분이 "Place for Healing"이지만 동시에 다른 차원의 변화와도 물려있기에 어떻게 물려있는지를 살펴볼 필요가 있을 것이다. 그러나 본 글에서는 특히 변화의 물결이 서로 강도높게 얽힌 상태로 흘러가는 "Place for Living" 부분과의 관계를 중점으로 논하되 20세기의 이들이 기능을 해온 환경명칭 즉, 병원과 집을 사용하여 이들에게 어떤 변화가 일어나고 있는지를 서술해 나가고자 한다.

특히, 병원과 연계하여 주택의 변화를 논하고자 하는 필자의 생각을 지원해 주는 인용으로 'Healthcare Environment'의 세계적 선구자로 여겨지는 Harvard fellow인 Wayne Ruga의 말을 소개하면 다음과 같다.

"Certainly we will continue to need modern, efficient, patientfriendly healthcare facilities. However, incresingly it will no

그림 5
반의존노인이 되더라도 늘 일상적으로 살아왔던 환경을 그대로 구비하게 해주는 것이 중요하며 인접한 욕실, 워고인 벽장, 침대커버 등 모든 것이 삶을 연결시키는 국면이다.

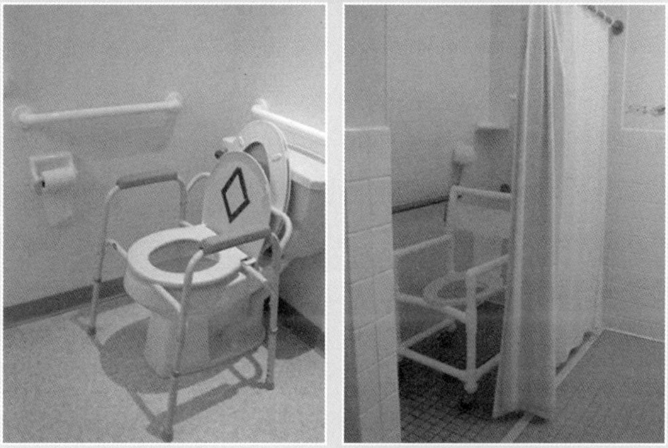

그림 6
화장실 욕실내의 보조기구들은 환자가 혼자서나 간병인의 도움을 받아서 위생적 청결을 유지할 수 있는 중요한 특성들이다. 이때 욕실의 무장애노인은 중요한 국면이다.

그림 7
화장실 욕실내의 보조기구들은 환자가 혼자서나 간병인의 도움을 받아서 위생적 청결을 유지할 수 있는 중요한 특성들이다. 이때 욕실의 무장애노인은 중요한 국면이다.

longer be necessary to go to the hospital, clinic or physician's office for most routine medical services. The most frequently used healthcare venue might very well become our living rooms. Outpatient and home-based will dominate. The hospital of the future will look more like today's banks-where a central facility handls complex services and administration while the more routine transactions take place at convenient branches, (Wayne Rugga. Modern Healthcare October 23.2000)"

2 병원의 경계를 넘어서

1. 환경디자인에 대한 사고의 전환

병원이라는 장소의 경계에 변화를 예측을 할 수 있는 측면을 크게는 네 범주로, 작게는 모두 14가지로 구분해서 정리해 보고자 한다.

〈의료환경의 주된 기능이 건강관리 개념으로 변화해 왔으며, 동시에 현대 사회 모든 구성원들의 화두가 건강으로 확산되고 있어 병원이 이 변화를 감당해 갈 수가 없다.〉

첫째, 질병 치유라는 과거 의료환경의 주된 기능이 적정 건강의 수준을 유지시키고 증진시키는 건강관리개념으로 보다 확대발전하고 있으며, 이러한 자체 기능적 확대로 인한 건강관리현상은 기존 병원에서만 수용될 수 없게 되고 있다.

둘째, 현대 도시 사회인이라면 누구나 건강을 우려할 수 밖에 없는 상황에 처하게 되어 건강은 하나의 보편적 의제로서 어떠한 생활세팅에서도 빠르게 중요한 국면으로 부상되고 있다.

특히 세계보건기구 (WHO)의 아래와 같은 건강에 대한 정의는 총체적 개념으로서 사실 인간 삶의 질을 의미하는 포괄적인 특성을 지니고 있기에 이를 관리하는 환경으로서 병원을 동일시하기에는 무리가 있다는 것이다.

"Health is a state of complete physical, mental and social wellbeing, and not merely the absence of disease or infirmity."

이는 단지 질병이나 허약함이 없을 뿐 아니라 신체적 · 정신적 · 사회적 · 정서적 · 영적 안녕상태 및 이 여러차원의 유기적 영향력을 전제로 한 포괄적 · 총체적 개념이다.

건강의 제 차원은 학문분야와 상황에 따라 다양하게 언급되고 있으나 크게 다음의 세가지 군으로 분류할 수 있다. 즉, 신체적/생리적(Physical/Physiological) 건강으로서 이는 신체의 형태적, 기능적요소의 보다 tangible한 구체적이며 실체적인 차원과, 정신적/ 정서적/ 영적/ 심리적(Mental/Emotional/Spiritual/Psychological)건강으로서 인간의 정신과 마음에 관한 intangible한 추상적 차원과, 사회심리적/사회적(Psycho-social/Social)건강으로서의 인간이 사회적 생활을 하면서 인간과 인간, 그리고 인간과 사회가 서로 반응하는 상호작용 차원이다.

실제 이러한 광범위한 건강의 관리가 일어나는 세팅은 20세기 병원과는 달리 다양한 환경 특히 많은 부분, 주택이 그 중심장소로 부각될 수 있으며, 더 구체적으로는 협의와 광의의 의료건강을 구분하여 보았을 때 협의인 질병치유 기능은 예전의 병원이, 광의영역인 건강관리 기능은 보다 병원이 아닌 곳, 복지주거시설, 스포츠센터, 건강관리센터, 직장 등과 더불어 특히 주택에서 일어날 가능성이 많다. 이러한 변화를 시각적으로 표현해보면 아래 그림과 같다.

〈복지사회로 향하는 문턱에서 모든 사람은 특히 20세기 산업화 과정에서 소외되었던 노약자, 장애인들이 삶의 질을 추구하는 평등한 권리를 주장하고 있으며, 이에 대한 사회의 설득력이 높아가고 있으며, 이들의 기본생활 세팅이자 전체 세팅이 될 수도 있는 주택이 삶의 질을 그리고 건강을 좌우하는 핵심공간으로 부상되고 있다.〉

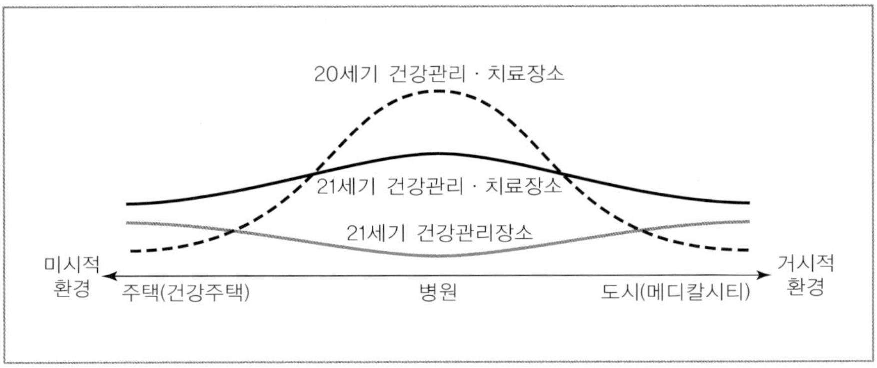

그림 8
21세기 건강증진의 주체적 세팅변화 예측도

셋째, 노인인구 비율의 지속적인 증가로 우리나라도 이미 노령화 사회(Aging Society)로 진입하였으며, 20여년 내에 노령 사회(Aged Society)로 진전되리라 예측되고 있다. 이는 유럽과 북미 그리고 일본의 노령화 속도를 초월하는 급진전한 성향을 보이고 있는 것이다. 세계적으로 노인복지 방안을 꾸준히 시험해온 선진국들의 시행착오경험의 결과, 결국 가족 지향적인 지역사회 통합형을 열망하고 있으며, 별거문화가 만연한 사회일 경우 지역사회 통합형을 가장 바람직한 방향으로 추구하고 있다는 것이다. 이는 재택 거주(Aging in Place)를 강조하는 개념으로, 주거단지 혹은 지역단위의 성격과 주거 유니트 자체의 특성 변화를 필요로 하는 개념이다.

넷째, 20세기 대량생산과 표준화가 주된 개념이었던 산업은 건설환경의 급진적 진전을 가져오 기도 하였으나 이와 동시에 '평균'에 속하지 않는 수많은 장애인 인구들을 차별해온 결과를 낳 았다. 이제 모든 사람이 그리고 개개 개성이 중요하게 여겨지는 현대사회에서 장애인복지 분야 는 그간 사회적 인식변화와 더불어 민주사회 구성원으로서 차별없이 삶의 질을 최소한 보장받 으려는 장애인들의 목소리가 높아지고, 현대산업사회과정에서 선천적,후천적 이유로 장애를 가 지고 있는 전국 추정인구가 400만에 이르게 됨에 따라 기존 장애인의 생활 적응을 지원하지 못 하는 주택 및 제반시설의 개선이 필연적 과제로 등장하고 있다. 특히, 일상적 생활을 가족들에게 의존해왔던 장애인들의 자립적 생활과, 일상생활에의 원활한 참여를 가능하게 하는 집은 장애인과 그 가족의 건강을 지켜주는 중요한 세팅이 될 것이다.

다섯째, 현대 사회의 각종 선천적, 후천적 질병과 사고로 인해 일시적, 장기적 환자 발생률이 증가하고 있으며, 또 치료시설의 한계와 최근 단기

입원 방침 및 성향으로 가정내의 간호요구가 증대됨으로써 미래복지사회 구현을 위해 가정간호가 확산되어야 하는 시점에 있다. 이는 곧

환자 발생시 환자를 안전하게 보호하고 치유하는 환경이 되고, 다른 가족 구성원에 절대적으로 의존케 함으로서 모두의 삶에 부정적으로 영향을 주지 않을 수 있으며, 환자의 간호를 유연하게 지원해 주기 위해서는 주택의 물리적 특성에 대한 변화가 요구됨을 암시한다.

여섯째, 특히 장기적인 요양 및 간병수발 보호가 필요한 신체적 · 정신적 허약노인 환자 인구가 현재 75만명으로 추정되고 있으며 고령화 사회로 진입하면서 이후는 더욱 증가할 뿐 아니라 가정의 노인부양 기능에 심각한 압박으로 작용할 것이며 정책적으로도 더욱 문제화 될 전망이 다. 그러나 정부의 이러한 요양보호대상 노인에 대한 시설확충 목표는 이 수요의 2%에 불과하 여 나머지 98% 대상 노인과 그 가족이 재택상황에서 어려움을 겪을 것은 자명하다.

〈소비자 지향적 사회는 환자를 고객 · 소비자의 개념으로 변화시킬 것이며 의료 · 건강 관리 주체를 다원화 시킬 것이다.〉

일곱째, 20세기 생산자와 소비자라는 이원적 구분은 현대사회로 오면서 생산자와 소비자가 함께 만들어내는 '생비자' 문화를 탄생시켰으며, 이에 관한 증거는 각 분야에서 드러나고 있다. 이러한 상황 은 의료, 건강 관리가 병원과 의사에 의존하기보다는 소비자와 상호 협력적, 보완적, 통합적 관점으로 이루어지게 할 것이다. 이럴 경우 환자는 더 이상 병원이라는 환경을 통해서만 건강 진단과 관리를 하지는 않을 것이다.

여덟째, 병원건물이 혹은 의료복지시설건물의 실제 사용자였지만 의사와 직원외에 간과되어 왔 던 집단으로 '환자의 입장'이 강조되고 있다. 이는 기존 병원환경의 특성을 변화시키며 환자 와 가족 그리고 병원과의 연계를 강조해 나갈 전망이다.

아홉째, 병상회전의 효율을 위해서나 환자의 경제적, 심리적 적응을 위해 중간시설인 '임시 혹은 장기 의료복지주거시설'이 발전하고 있다. 이는 의료복지주거시설이 병원의 보조시설 혹은 파트너로서 발전하고 있음을 보여주며 또한 병원의 경계가 무너지고 보다 주거지향적 방향으로 확대되고 있음을 보여주기도 한다.

열번째, 병원과 의료복지주거시설 등에서 사용자인 환자를 배려하기위해 '집과 같은 환경'의 가치를 드높이고 있다. 이는 근본적으로 집 특히 살아오던 집이 가진 제반특성 자체가 지닌 주요 기능적 개념의 중요성을 인지하고 이를 존중해 주려는 성향을 보이는 것이다. 즉, 프라이버시와, 적절한 가족간 상호작용과, 통제감과, 자유와, 정서감과, 적정규모의 자극과, 친밀성 등이다. 이는 결국 가능하다면 치유 공간으로서 주택의 유인력을 의미하기도 한다.

이와 같은 주택의 치유학적 효과를 강조한 한 문단을 인용하면 아래와 같다.

"We see greater *therpeutic value in housing* and support environments that optimize conventional daily living : and in *conventional daily living environments* that are designed to *be supportive at all stage of the life cycle*.

Such housing and environments must be part of the 'natural rights' to which all members of society are entitled,

and should not be rationed out in bits and pieces to be fought over because need far exceeds supply"

(Leonard F. Heumann and Duncan P. Boldy

Author, Housing for the Elderly, 1982).

("일상적으로 늘 살아오던 생활양식을 최대로 지킬 수 있게 해 주는 주택과 모든 *생애주기 단계에서 생활을 지원*해 주도록 디자인된 *일상생활 환경*은 보다 큰 *치료적 가치*를 지닌다. 이러한 주택과 환경을 그 수요가 지극히 크기 때문에 *사회 구성원* 모두가 요구하고 가질 수 있어야 하는 '*당연한 권리*'이며 이를 얻고자 구태여 투쟁할 필요조차 없다.")

〈현대의 디지털 정보기술은 다원주의적 사회특성과 더불어 '거리'의 개념을 변화시킴으로서 제반환경의 기능을 변화시키고 있다. 이로인해 의료·건강관리 행위는 기존 주택에 부가되는 일상생활행위의 하나가 될 것이다.〉

열한번째, 디지털 문화 속에서 주거환경은 가상의 환경, 확장된 물리적 환경, 이 둘 사이를 연결하는 하이브리드 환경을 포괄하는 하나의 패턴이나 규칙에 얽매이지 않은 다양한 구조와 형태, 기능 및 디자인을 갖춘 환경으로 창출될 것이다. 디지털 정보통신의 발달은 범세계적인 디지털 정보통신 네트워크망을 형성하여 상호작용적인 의사소통 및 정보교류를 가능케 하여 탈시공간성, 탈중심성, 탈물질성, 탈이동성의 특성을 초래하였다. 하드웨어와 소프트웨어는 지능성과 인간적 감성, 감각성을 획득한 스마트하고 지능적인 에이전트와 인공 로봇을 출현하게 함으로써 개인적인 요구와 필요에 따른 정보를 제공하고, 인간의 임무를 대행하도록 발전하고 있다. 또한 멀티미디어의 발전은 인간의 다양한 감각을 이용한 다형태의 인터페이스상의 세계를 현실과 연계하여 더욱 확장되고 증폭되도록 하며, 이 둘 사이를 연결하는 하이브리드 세계라는 제 3의 현실을 만들어낸다.

열두번째, 다원적이며 역동적이고 복합문화적 양상으로 변해가는 현대사회에서, 주택은 이제 더 이상 단순한 의식주 기능만이 아니라 복합적 생활기능과 문화를 수용하는 환경으로 변해야 할 필요성에 직면해있다. 특히, 디지털 정보통신기술의 발달은 학교로부터 재택교육을, 직장으로부터 재택근무를, 여가시설로부터 재택여가를, 시장이나 상점으로부터 재택구매를 가능하게 하고 있으며 이러한 변화는 모두 주택으로 집중됨으로서 주택의 다원적기능 수용을 필연적으로 그리고 자연적인 현상으로 드러나게 하고 있다.

열세번째, 급격히 발전하는 정보통신기술은 의료정보의 효율적 교류와 상담 및 진료서비스를 디지털 통로를 통해 가능하게 하고 있으며, 원격진료의 실현을 지속적으로 빠르게 앞당기고 있다. 또한 병원에서의 의료정보 그리고 원격진료를 통해 집으로부터 수거된 의료정보의 상호교류는 물론, 의료건강에 관련된 정보가 정보사회의 특성으로 소비자 누구에게도 쉽게 차별없이 탐색될 수 있게 되어가고 있어, 광의의 개념에서 보면 어디에서나 건강관리가 가능한 상황이 되어가고 있다.

열네번째, 멀티미디어의 대중화로 인해 소비자들은 역동적, 초시간절약형 상호작용문화에 익숙해져 가고있다. 멀티미디어의 화상질은 더없이 높아가며 이로인해 소비자가 쉽고 흥미롭게 상호작용할 수 있는 소프트웨어가 개발됨으로서 더욱 소비자들의 즉각적 반응 문화를 확산시킬 것이며, 바쁜 현대인에게 이 요소는 대단한 매력이 될것이고 이 과정에서 소비자는 인내력을 잃어갈 것이다. 이러한 변화는 중요하고 긴급상황이 요해지는 건강이라는 특성과 더불어 더욱 원격진료의 보급을 확산시킬 수 있는 주요요소로 작용할 것이다.

3 의료 · 건강 주택

1. 전략적 개념

이 부분은 앞의 제 1장과 제 3장, 제 4장에서 설명한 바와 같이 일부 중복되나 의존건강주택관점에서도 접근과 해석이 같을 수 있음은 보여주고 또 본 장은 독립적으로 읽는 독자를 위해 문맥을 끊지않게 하기 위해 중복 서술하였다.

주택이 신체적, 정신적, 사회적 건강 등의 다차원적 건강을 지원해 줄 수 있도록 하기 위해서는 주택이 지녀야 하는 다국면적인 기능을 이해할 필요가 있으며 이 기능이 주택을 창조하는 전략적 개념이 될 것이다. 이러한 기능은 크게 일반인들 관점에서 논할 수 있는 기능과, 20세기를 통해 인권회복의 필요성이 제기 되어온 사회적 약자 관점에서 논해져온 기능으로 구분 정리하면 다음과 같다. 우선 전자의 관점에서 모든 현대 도시인은 기대되는 수준에 못 미치는 건강문제를 안고 있다는 전제하에, 첫째 이 기대되는 건강상태의 최저 수준을 유지(Maintaining)하도록 지원해 주는 기능, 둘째 건강상태의 최고 수준을 향해 증진시킴으로써 삶의 질을 향상(Promoting)시킬 수 있도록 지원해 주는 기능이며, 후자의 관점에서는 첫째 심신의 열등한 상태로 인해 장애상황이 발생하지 않도록 하여 일상 생활이 가능(Enabling)하도록 지원해 주는 기능, 둘째 저하되어진 심신상태를 치유(Healing)하여 건강이 회복되도록 지원해주는 기능이다.

이러한 4가지 각각의 개념은 모두 근본적으로는 치료학적, 재활학적, 예방의학적, 건강증진학적 의미를 포괄하고 있으나 그 기능에 따라 외현적으로 크게 다가오는 의미는 상대적으로 다르다. 즉, '향상'은 건강증진학적 개념이, '유지'는 예방의학적인 개념이, '가능'은 재활학적 개념이, '치유' 는 치료학적 개념이 상대적으로 더 부각되는 특성이 있다. 이러한 관계를 보다 쉽게 시각적으로 정리하면 〈그림 9〉와 같다.

한편, 위와 같은 기능이 갖추어진 주택은 사회의 관심 부문에 따라 다양하게 불릴 수 있으며 그로 인한 해석적 의미도 달라질 수 있으나, 궁극적으로 앞으로의 주택이 지녀야 하는 다국면성을 통합적으로 지니고 있는 미래주택이 될 것이다.

이러한 다국면적인 미래형 주택이 사회적 관심에 따라 불릴 수 있는 명칭과 그 주요 의미는 다음과 같다.

- 의료주택 (Medicalcare House) : 건강관리 · 치유활동 등이 환자 · 가족 · 지역의사 등에 의해 원활하게 이루어지고 원격진료진단까지 가능한 주택
- 간호주택 (Homecare House) : 간호 · 간병이 가족 · 간호사 · 간병인을 통해 무리없이 이루어지고 질적 케어를 공급받고 제공하는데 적합한 주택
- 재활주택 (Rehab. House : 잃었던 기능을 회복하고 약화되었던 기능을 강화시키는 과정을 지원하는 주택
- 노인주택 (Elderly House) : 노화하는 제반기능을 지원하여 안전하고 편안한 삶을 지속적으로 가능하게 해 주는 주택

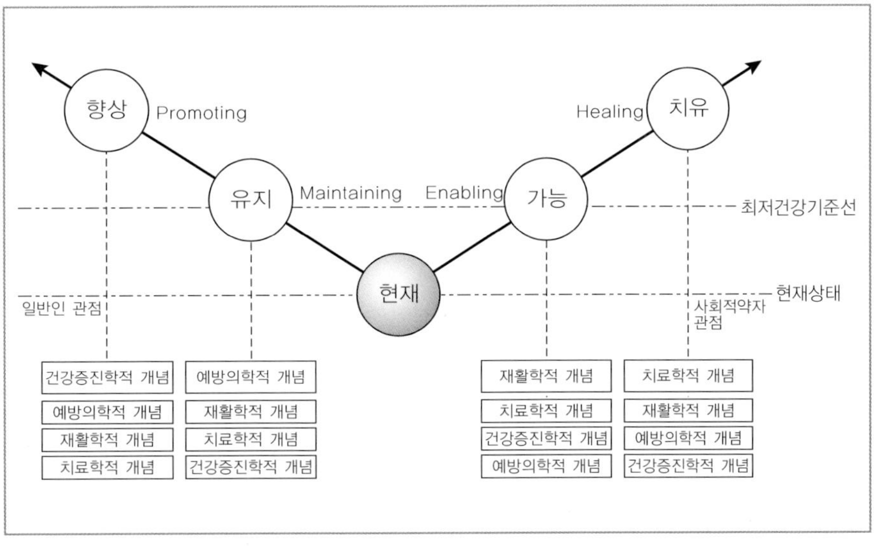

그림 9
의료 · 건강주택의 기본 4가지 디자인 전략 개념 설명도 ©

- 생애주택(Lifespan House) : 거주자의 생애주기와 가족의 생활주기가 변화하여도 이에 대응하는 적응력이 있는 주택
- 유니버설주택 (Universal House) : 다양한 사용자의 다면적이고 복합적인 요구를 시간과 상황의 변화에 따라 포용력있게 수용해주는 주택
- 건강주택 (Health House) : 건강을 유지시키고 증진시켜주는 공간자원이자 삶의 세팅으로서의 주택
- 가변형주택 (Flexible House) : 획일화된 삶을 강요하지 않고 다양한 변형의 가능성과 사용방안을 스스로 지니고 있는 주택
- 미래주택 (Future House) : 이상적인 환경 창조를 위한 미래지향적 패러다임이 통합적으로 주체성있게 구현된 주택

의료의 개념이 크게 확대되고 의료행위가 기존의 병원 담을 넘어 주택을 포함한 보다 광범위한 환경으로 내보내짐과 동시에, 20세기 내내 가족들의 의식주 안식처로 정착되어 왔던 주택이, 다원화 사회의 영향으로 보다 광범위한 건강관리 기능을 지닌 주택으로 변할 수 밖에 없을 것이다.

의료서비스 개념자체가 건강관리까지 확장되어온 사실로 보면 위 9가지의 주택 특성이 모두 의료주택으로 불릴 수 있겠으나 협의로는 의료활동이 수용되는 의료주택, 중간의미로는 의료는 물론 간호, 재활, 노인주택의 의미를 지닐 수 있다. 한편, 건강주택 또한 협의로는 건강을 유지시키고 증진시켜주는 공간자원이자 삶의 세팅으로서의 주택, 광의의 의미로는 현대 사회 구성원 모두의 건강한 삶의 질을 지키는데 공헌하는 주택으로 위 9가지 주택특성 모두를 포함한다. 이러한 협의(광의의 의료주택과 건강주택을 상대적으로 구분 표시하면 〈그림 11〉과 같다.

이러한 관점에서 본 고에서 제안하는 주택은 여기서는 의료 · 건강 주택으로 칭하기로 한다.

2. 의료 · 건강 주택의 개념

광의의 의료 · 건강주택이란 간호 · 재활 기능까지도 수용하고 노화현상을 자연스럽고 안전하게 받아들이게 하며, 인간의 생애변화를 보편적으로 수용하고 건강을 유지하게 해주는 특성을 지니고 있을 뿐 아니라, 20세기 획일적

그림 10
의료건강주택은 세계적으로 대두되고 있는 다양한 주택개념들을 모두 포용할 수 있게 디자인되어야 한다.

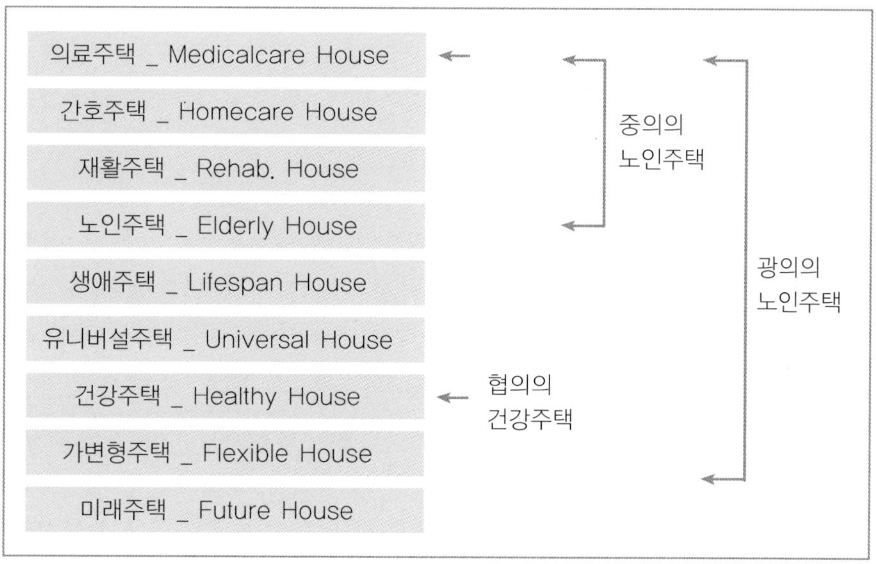

그림 11
의료 · 건강주택의 다차원적 특성과 개념범위 정의방법 ⓒ

삶과 기능을 강조해 온 주택의 성격을 벗어나 다양한 적응가능성(adaptability)을 지니게 하는 유니버설 디자인 성격과 가변적 성향을 지니며 건강의 주체적 기능을 담아내야 하는 미래지향적 주택이라 할 수 있다.

이 의료 · 건강주택은 건강을 관리하고 질병과 사고예방을 지원하며, 질병에 대한 원격 상담과 진료를 가능하게 하고, 치유가 일어나는 세팅의 역할뿐 아니라 치유의 기능까지도 지니는 21세기 새로운 일반 주택을 지칭한다. 이러한 기능적 혜택을 누리는 대상은 환자뿐 아니라 모든 가족 구성원들이 될 것이다.

광범위한 의료기능 즉, 건강관련 케어기능을 대개 건강관리 · 질병과 사고예방 · 진료 · 간병 · 치유 등 5가지로 나누어 보았을 때 모든 국면이 일반 가족과 환자 모두에게 해당하는 것이며 일반 가족인가, 환자인가에 따라 그 비중이 다를 뿐이다. 사실 현대 도시 사회에서 모든 사람이 건강에 문제가 있다는 관점에서 보면 모두 환자라 여겨도 과언이 아닐 것이다. 이렇게 보면 일반 정상 가족구성원과 환자를 구분할 필요가 없으나 여기서는 관례적으로 협의의 환자를 지칭하여 본 고를 풀어 나가고자 한다.

결국, 의료 · 건강주택은 일상적인 건강관리를 하게 하며 가족을 사고로부터 안전하게 보호하고, 환자가 발생하였을 경우 환자를 돌보고 환자의 치유와 안정을 도모하는 것은 물론 환자 가족에게도 스트레스 발생을 최소화하며 가족관계를 깨뜨리지 않고 다른 가족 구성원들의 삶을 최대한 보장해 줄 수 있는 주택이라 할 수 있다. 또한, 과거 병원에서만 받게 되던 진료 서비스가 원격통신기술로 인해 집에서도 진료 받을 수 있게 된 주택이란 의미까지도 포함하는 것이다. 이러한 내용을 간략히 표현하면 〈그림 12〉와 같다.

이 주택은 환자 및 환자가족이 병원과 직접 연결하여 상담 진료 받을 수 있으며 간병인, 간호사, 지역의사 등을 통해 삼자간 연결하여 상담진료를 받을 수도 있다. 또한, 환자의 치료를 위한 의사, 간호사 등의 방문객뿐 아니라 지역사회 서비스 요원이나 종교적 단체, 친지 등의 방문객 등을, 같이 거주하는 가족들의 생활 스트레스와 부담을 초래하지 않고 또 환자가 동거 가족의 눈치를 보는 심리적 스트레스를 경감시켜주며 받을 수 있게 되어 있어, 가족에게 부담주지 않으면서도 환자의 사회적 위로 통로를 지속적으

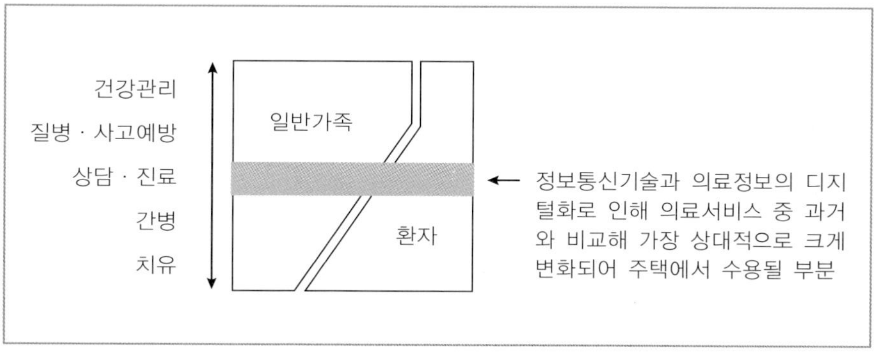

그림 12
의료 · 건강주택의 기능 ⓒ

로 열어놓게 할 수 있다. 한편, 환자가 발생하였을 경우 직 · 간접적으로 간병에 연루되어 육체적, 정신적 부담을 느끼게 되는 가족들의 스트레스를 경감시켜 줄 수 있도록 보다 용이하고 안전하게 환자를 돌볼 수 있는 장애 없는(Barrier free) 건축적 특성을 지니고 있다. 무엇보다 이 주택에서는 디지털 정보기술로 원격 커뮤니케이션이 보다 활성화됨으로서 이러한 원격교류가 빠르게 수용될 것이다. 이의 확산은 필연적 현상이며 단지 얼마나 빠르게 확산될 것이가에 대한 의제가 남겨져 있을 뿐이다. 이동통신발달로 이동전화가 급속히 우리사회 누구에게나 파급되어온 속도를 인지한다면, 원격상담 진료서비스 또한 대중화 되는 근미래를 예측하는 것은 지극히 쉬운 일이다. 즉, 의료분야와 주거분야가 각각 건강을 주의제로 향해 확대되어 서로 접근하고 있으며, 디지털 정보 기술은 이의 접근속도를 더욱 촉진하고 있다는 것이다 〈그림 13〉.

또한, 이 주택은 환자의 치유를 돕도록 치료 환경이 되기 위해서 지녀야 하는 다음과 같은 기본 조건을 만족시킬 것이다.

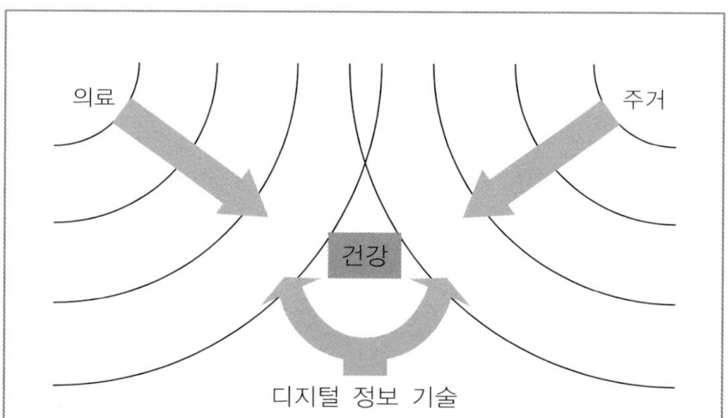

그림 13
의료와 주거의 핵심개념으로서의 건강과 그 연계의 촉매 역할을 하는 디지털 정보기술 ⓒ

첫째, 자신에 대한 긍정적인 인식을 고무시키고
둘째, 자연, 문화 그리고 사람들과의 관계를 증진시키며,
셋째, 프라이버시를 지킬 수 있게 하며,
넷째, 신체적 위험과 위협이 되는 요소가 없게 하며,
다섯째, 의미있고 다양한 자극을 제공하고,
여섯째, 휴식을 취할 수 있는 가능성을 증진시키며,
일곱째, 환경과 보다 생산적으로 상호 작용할 수 있는 기회를 제공하고,
여덟째, 일관성과 융통성을 동시에 그리고 균형있게 지니게 하며,
아홉째, 아름다울 것이다.

4 나오면서

건강은 현대인의 삶의 질을 가늠하는 치명적인 요소이다. 이것의 총체적 개념인 신체적/정신적/사회적 건강은 곧 삶의 질 자체를 의미하기도 한다. 이 건강을 진단하고 질병을 치유하는 중심 장소이자 건강관리의 개념으로 그 기능을 확대해 온 병원은, 건강이 사회의 보편적 의제로 확산되는 작금의 사회, 그리고 미래사회에서 건강을 다루는 전문적 핵심적 공간으로 정착하고 이와 더불어 다양한 파트너 공간을 파생시킬 것이다.

주택은 이 파생공간 중 가장 중요한 역할을 하는 삶의 세팅으로서 광범위한 일반 집단인 국민과 시민과 거주자를 위한 또 하나의 핵이 될 수 있는 의료건강관리 장소의 잠재성을 지니고 있다.

이에 따라 기존 특히 산업화이후 의식주 및 가족단란기능으로 발전해 왔던, 주거의 기능 변화 흐름에 의료건강관리 기능이 중요한 한 국면으로서 자리매김하게 될 것이다.

이로인해 진정한 미래의 좋은 주택이란 화장술을 통해 겉으로 화려하고 아름답게만 보이는 주택이 아니라, 바로 현대인의 건강을 은연중 유지시켜 주며, 증진시켜 삶의 질을 높여 주고, 사고나 일상생활에서 장애 상황이 일어나지 않게 하여 정상적인 삶을 가능하게 해 주며, 심신을 치유하는 데에도 기여하는 주택이 될 것이다. 또한, 이제 우리가 받아들이던 받아들이지 않던 디지털 사회의 영향은 피할 수 없으며 이로 인해 원격의료서비스가

우리의 일상생활환경에 보편적으로 보급될 시기가 앞당겨지고 있다. 그러므로, 보다 슬기롭게 이러한 변화를 예측하고 또 받아들여, 삶의 질을 높이는 새로운 개념들이 환경의 창조에 반영되어 주택이 우리의 건강을 지키는 병원의 파트너가 되어야 할 것이다.

즉, 이는 의료 · 건강관리 환경이 병원의 경계를 넘어 확대되고 있다고 볼 수 있는 한편, 의사의 역할이 보다 역동적이고 능동적인 역할을 수행하게 됨을 의미하기도 하며, 의료 · 건강관리 환경이 어떻게 새로운 패러다임으로 재정비 되어 준비되어져야 하는지를 함축하는 것이다.

이제 복지사회를 지향해 나가고 있는 문턱에서 병원과 더불어 '집'은 의료건강복지를 위한 새로운 사회적 공간적 인프라가 될 것이다. 특히 어쩌면 병원과는 달리 국민모두의 생활세팅이기 때문에 이제 어떻게 이 새로운 기능을 수용하도록 준비되는지에 따라 국민건강에 보다 큰 영향을 미칠지도 모른다.

아직 그리고 앞으로도 대량생산형 아파트가 주거를 보급하는 주요방안으로 존재할 우리사회에서, 20세기 대량생산체제가 특정사회국면을 무너뜨리는 무기가 아니라 복지사회를 빠르고 효율적으 로 건설하는 도구로 이용된다면 20세기 지어온 빚을 충분히 갚을 수 있을 것이며, 미래의 건강위기에 대한 보호를 보장 받을 수 없는 현대 의료 · 건강복지정책 하에서, 보다 안도의 숨을 쉬게 될 수 있을 것이다.

그러므로 병원의 경계를 넘어선 의료건강관리 환경의 발전은 우리가 어떻게 이에 대해 준비하느냐에 따라 의료건강 복지사회의 실현가능성과 그 효율적 성과를 크게 앞당길 수 있을 것이다.

6 의료주택. 그 개념과 디자인

1 들어가면서

1. 의료주택의 개발 배경

의료주택이란 과연 가능한가. 의료 행위를 가능하게하는 기능 환경이 병원이라는 등식으로 자동이해되었던 최근까지의 사고방식에서, 주택이 의료행위를 수용하고 지원하는 하나의 행태적 세팅으로 병원시설의 경계를 넘어 의료치유 환경의 개념을 보다 넓게 확장시킬 수 있는 가능성과 실현성이 있는 것일까. 그리고 그것이 20세기 병원이 그러했듯이 21세기 지금부터 병원과 더불어 국민의 건강을 유지하고 증진시키는 한편 의료·복지를 위한 사회적·공간적 인프라 역할을 할 수 있을 것인가.

병원의 발전이 그러하였듯이 20세기 현대주택의 발전도 기능분리적 사고에 근거하여 이전 시대의 복합적 생활 행위들을 수용하던 세팅에서 가족들간의 일상 생활 공간이라 여겨질 만큼 제한된 기능공간으로 분화·발전해 왔다. 더욱이 한국의 산업화 과정에서 지난 40년간 발전해온 우리의 주택은 소유와 편리성이라는 개념만이 강조되어 왔다. 이제 급속히 변화하고 있는 현대 우리 사회에서 그리고 새로운 현상으로 우리에게 다가오고 있는 미래사회는 이러한 20세기 공간환경의 편성 방법과 기능에 일대 변화를 초래하고 있으며 그렇게 예측할 수 있는 주요 현상들이 우리 주변에 만연하다.

첫째, 질병 치유라는 과거 의료 환경의 주된 기능이 건강 관리와 증진의 개념으로 보다 확대해서 발전하고 있으며 이러한 현상은 기존 병원에서만 수용 될 수 없게 되고 있다는 점이다. 둘째, 현대 도시 사회인이라면 누구나 건강을 우려 할 수 밖에 없는 상황에 처하게 되어 건강은 하나의 보편적 의제로서 어떠한 생활 세팅에서도 빠르게 중요한 국면으로 부상되고 또 확산되고 있다는 점이다. 셋째, 다원적이며 절충적이고 복합문화적 양상으로 변해가는 현대사회에서, 주택은 이제 더 이상 단순한 의식주 기능만이 아니라 복합적 생활 기능과 문화를 수용하는 환경으로 변해야 할 필요성에 직면해 있다는 점이다. 넷째, 급격히 발전하는 정보 통신 기술은 의료 정보의 효율적 교류와 상담 및 진료 서비스를 디지털 통로를 통해 가능하게 하고 있으며, 멀티미디어의 대중화로 인해 소비자들은 역동적, 초시간 절약형 상호작용 문화에 익숙해져가고 있다는 점이다.

그렇다면 모든 생활인의 삶의 세팅이 되어온 주택의 성격이 건강 의제를 적극 수용하고 이를 위해 그 기능적 지원성이 다각도로 보완된다면 이것의 효과는 개개가족의 건강증진은 물론 복지사회를 구현하는데 크게 기여하는 중요한 말초신경적 공간 인프라가 될 것이라고 예측하는 것은 어렵지 않을 것이다.

우리는 과연 건강한 집에 살고 있는가. 과연 우리는 우리의 건강을 지켜주고 증진시켜주는 집에서 살고 있는가. 주택은 공간 구성학적 즉, 존재여부 · 위치 · 배치 · 동선 · 시설계획에서, 음 · 열 · 빛 환경계획을 거쳐, 조명 · 배선 · 재료 · 실내조경 · 색채 · 가구 · 기기 등 제반 요소계획에 이르기까지, 크게는 집 전체, 작게는 침실 · 거실 · 욕실/화장실 · 부엌 · 가족실 · 서재 등 모든 개개 공간이 어떻게 창조되느냐에 따라 우리 인간의 건강에 적지 않은 영향을 미친다.

의료계의 역할이 과거 '질병치유'에서 '질병예방과 건강관리'라는 차원으로 급격히 팽창 확산되는 현상은 앞으로도 지속될 것이다. 한편, 삶의 질에 영향을 미치는 중요한 하나의 차원으로서 '건강'의제는 현대인에게 삶의 질을 보장하는 치명적 부분으로서 건축, 실내건축, 주거환경 분야에서도 공통 화제가 되는 보편성을 지니게 될 것이며, 일상생활의 복합문화공간으로 변해가는 주거에서 특히 중요한 의제로 확산될 것이다.

그러므로 이러한 배경에서, 의료현상의 기본 전제 개념이자 현대인의 삶의 질을 가름하는 필수적 개념으로 확산되고 있는 '건강'을 주 의제로 삼아, 현대의 일반적 주택과 획을 그어 차별화할 수 있는 새로운 미래형 주택으로서 '건강지향형 주택'을 제안하게 되었다.

2. 건강지향형 주택의 개념

건강이란 세계보건기구(World Health Organization)의 정의

"Health is a state of complete physical, mental and social well-being, and not merely the absence of disease or infirmity"에서와 같이 단지 질병이나 허약함이 없을 뿐 아니라 신체적 · 정신적 · 사회적 · 정서적 · 영적 안녕상태 및 이 여러차원의 유기적 영향력을 전제로 한 포괄적 · 총체적 개념이다. 우선 주택이 이러한 다차원적인 건강을 민감하게 지원하기 위해 건강의 제차원과 이에 연계되는 주택의 특성을 정리해 볼 필요가 있다.

건강의 제 차원은 학문분야와 상황에 따라 다양하게 언급되고 있으나 크게 다음의 세가지 군으로 분류할 수 있다.

첫째, 신체적/생리적(Physical /Physiological) 건강으로서 이는 신체의 형태적, 기능적 요소의 보다 tangible한 구체적이며 실체적인 차원이다. 이를 지원하는 주택은 신체적 생리적 기능에 위험이 없게 하며, 이것이 원활히 수행될 수 있게 지원해 줄 수 있는 특성을 지녀야 할 것이다. 즉, 신체적으로 넘어지거나 다칠 수 있고 피로감을 유발할 수 있는 외형적 요소를 방지하고, 소음과 공기 오염, 열악한 채광 조건 등 생리적 위해한 자극을 제거하는 특성에서부터, 신체적 발달을 촉진하고 생리적 쾌적함을 증진시키는 기회를 부여하는 특성에 이르기까지 다양한 특성을 지니게 해야 할 것이다.

둘째, 정신적/정서적/영적/심리적(Mental/Emotional/Spiritual/Psychological)건강으로서 인간의 정신과 마음에 관한 intangible한 추상적 차원이다. 이를 지원하는 주택은 정신적 심리적 상태에 불안정한 긴장감이 없게 하며 정신적 심리적 기능이 원활히 수행될 수 있게 지원해 줄 수 있는 특성을 지녀야 할 것이다. 즉, 스트레스, 불안감, 모호함, 우울함, 삭막한 감정을 일으키지 않는 특성에서부터 감성을 고양시키고 심리적 정신적 안정성과 평온을 증진시키는 기회를 부여하는 특성에 이르기까지 다양한 특성을 지니게 해야 할 것이다.

셋째, 사회심리적/사회적(Psycho-social/Social)건강으로서의 인간이 사회적 생활을 하면서 인간과 인간, 그리고 인간과 사회가 서로 반응하는 상호작용 차원이다. 이를 지원하는 주택은 가족간 사회 심리적 차원에서 문제나 긴장이 발생되지 않게 하며, 가족 관계 및 사회에 불필요한 문제를 일어나지 않게하거나 경감시킬 수 있도록 완충 작용 역할을 해 주는 특성을 지녀야 할 것이다.

즉, 가족 구성원간의 사회적 관계를 긴장시키지 않고 프라이버시를 최소한 지킬 수 있도록 해 주는 특성에서부터, 가족 구성원간의 관계를 개선 혹은 증진시키고 보다 안정감 있는 발전을 하도록 적절한 프라이버시를 누릴 수 있으며 동시에 적절한 상호 작용을 고무시키고 유도하는 기회의 잠재성을 지니게 해야 할 것이다.

3. 건강 지향형 주택 디자인의 전략적 개념

본 장의 전략적 개념 개발 과정은 앞서 여러 장에서 기 소개한 내용들과 중복된다. 그러나 본장의 완성을 위해, 본 장을 독립적으로 읽는 독자를 위해 의도적으로 중복서술되었다.

주택이 이상과 같은 신체적, 정신적, 사회적 건강 등의 다차원적 건강을 지원해 줄 수 있도록 하기 위해서는 주택이 지녀야 하는 다국면적인 기능을 이해할 필요가 있으며 이 기능이 주택을 창조하는 전략적 개념이 될 것이다. 이러한 기능은 크게 일반인들 관점에서 논할 수 있는 기능과 20세기를 통해 인권회복의 필요성이 제기 되어온 사회적 약자 관점에서 논해져온 기능으로 구분 정리하면 다음과 같다. 우선 전자의 관점에서 모든 현대 도시인은 기대되는 수준에 못 미치는 건강문제를 안고 있다는 전제하에, 첫째 이 기대되는 건강상태의 최저 수준을 유지(Maintaining)하도록 지원해 주는 기능, 둘째 건강상태의 최고 수준을 향해 증진시킴으로서 삶의 질을 향상(Promoting)시킬 수 있도록 지원해 주는 기능이며, 후자의 관점에서는 첫째 심신의 열등한 상태로 인해 장애상황이 발생하지 않도록 하여 일상 생활이 가능(Enabling)하도록 지원해 주는 기능, 둘째 저하되어진 심신상태를 치유(Healing)하여 건강이 회복되도록 지원해 주는 기능이다.

이러한 4가지 각각의 개념은 모두 근본적으로는 치료학적, 재활학적, 예방의학적, 건강증진학적 의미를 포괄하고 있으나 그 기능에 따라 외현적으로 크게 다가오는 의미는 상대적으로 다르다. 즉, '향상'은 건강증진학적 개념이, '유지'는 예방의학적인 개념이, '가능'은 재활학적 개념이, '치유'는 치료학적 개념이 상대적으로 더 부각되는 특성이 있다. 이러한 관계를 보다 쉽게 시각적으로 정리하면 〈그림1〉과 같다.

한편, 위와 같은 기능이 갖추어진 주택은 사회의 관심 부문에 따라 다양하게 불릴 수 있으며 그로 인한 해석적 의미도 달라질 수 있으나, 궁극적으로 앞으로의 주택이 지녀야 하는 다국면성을 통합적으로 지니고 있는 미래주택이 될 것이다. 이러한 다국면적인 미래형 주택이 사회적 관심에 따라 불릴 수 있는 명칭과 그 주요의미는 다음과 같다.

- 의료주택 (Medicalcare House) : 건강관리 · 치유활동 등이 환자 · 가족 · 지역의사 등에 의해 원활하게 이루어지고 원격진료진단까지 가능한 주택
- 간호주택 (Homecare House) : 간호 · 간병이 가족 · 간호사 · 간병인을 통해 무리없이 이루어지고 질적 케어를 공급받고 제공하는데 적합한 주택
- 재활주택 (Rehab. House) : 잃었던 기능을 회복하고 약화되었던 기능을 강화시키는 과정을 지원하는 주택
- 노인주택 (Elderly House) : 노화하는 제반기능을 지원하여 안전하고 편안한 삶을 지속적으로 가능하게 해 주는 주택
- 생애주택 (Lifespan House) : 거주자의 생애주기와 가족의 생활주기가 변화하여도 이에 대응하는 적응력이 있는 주택

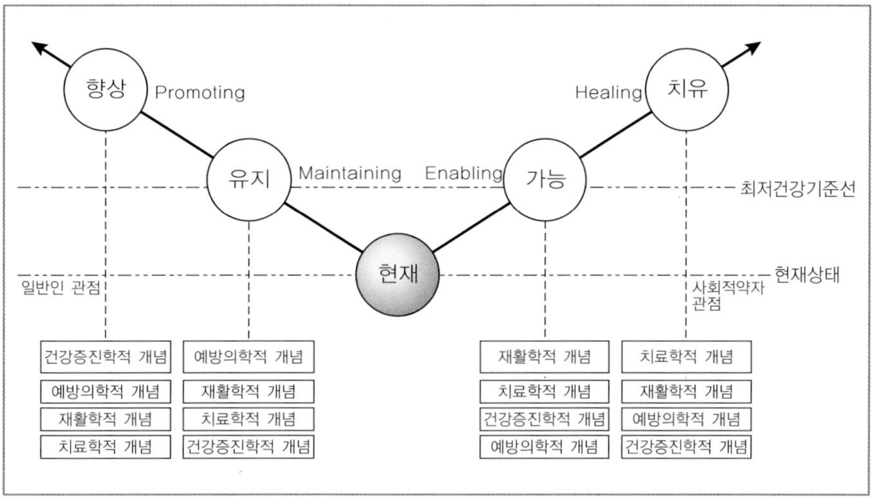

그림 1
건강주택의 기본 4가지 디자인 전략 개념 설명도 ⓒ

- 유니버설주택 (Universal House) : 다양한 사용자의 다면적이고 복합적인 요구를 시간과 상황의 변화에 따라 포용력있게 수용해주는 주택
- 건강주택 (Health House) : 건강을 유지시키고 증진시켜주는 공간자원이자 삶의 세팅으로서의 주택
- 가변형주택 (Flexible House) : 획일화된 삶을 강요하지 않고 다양한 변형의 가능성과 사용방안을 스스로 지니고 있는 주택
- 미래주택 (Future House) : 이상적인 환경 창조를 위한 미래지향적 패러다임이 통합적으로 주체성 있게 구현된 주택

의료의 개념이 크게 확대되고 의료행위가 기존의 병원 담을 넘어 주택을 포함한 보다 광범위한 환경으로 내보내짐과 동시에, 20세기 내내 가족들의 의식주 안식처로 정착되어 왔던 주택이, 다원화 사회의 영향으로 보다 광범위한 건강관리 기능을 지닌 주택으로 변할 수 밖에 없을 것이다.

의료서비스 개념자체가 건강관리까지 확장되어온 사실로 보면 위 9가지의 주택 특성이 모두 의료주택으로 불릴 수 있겠으나 협의로는 의료활동이 수용되는 의료주택, 중간의미로는 의료는 물론 간호, 재활, 노인주택의 의미를 지닐 수 있다. 이러한 협의 · 중의 · 광의의 의료주택을 상대적으로 구분 표시하면 〈그림2〉와 같다.

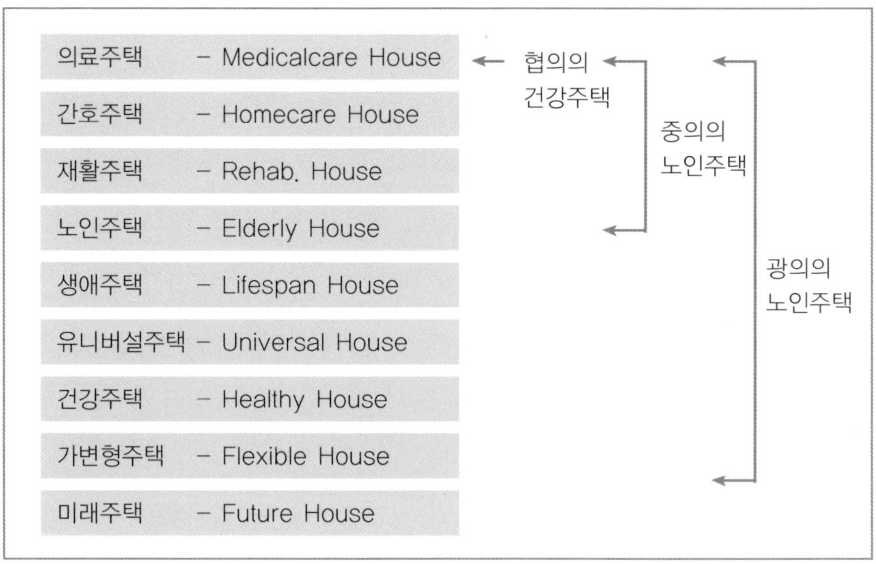

그림 2
의료주택의 다차원적 특성과 개념범위 정의 방법©

4. 의료주택의 개념

광의의 의료주택은 간호 · 재활 기능까지도 수용하고 노화현상을 자연스럽고 안전하게 받아들이게 하며, 인간의 생애변화를 보편적으로 수용하고 건강을 유지하게 해주는 특성을 지니고 있을 뿐 아니라, 20세기 획일적 삶과 기능을 강조해 온 주택의 성격을 벗어나 다양한 적응가능성(adaptability)을 지니게 하는 유니버설 디자인 성격과 가변적 성향을 지니며 건강의 주체적 기능을 담아내야 하는 미래지향적 주택이라 할 수 있다. 그러나, 여기서는 중의의 의료주택에 대한 정도로 그 개념과 디자인 특성을 서술하고자 한다.

의료주택이란 건강을 관리하고 질병과 사고예방을 지원하며, 질병에 대한 원격 상담과 진료를 가능하게 하고, 치유가 일어나는 세팅의 역할뿐 아니라 치유의 기능까지도 지니는 21세기 새로운 일반 주택을 지칭한다. 이 기능적 혜택을 누리는 대상은 환자뿐 아니라 모든 가족 구성원들이 될 것이다.

광범위한 의료기능 즉, 건강관련 케어기능을 대개 건강관리 · 질병과 사고예방 · 진료 · 간병 · 치유 등 5가지로 나누어 보았을 때 모든 국면이 일반 가족과 환자 모두에게 해당하는 것이며 일반 가족인가, 환자인가에 따라 그 비중이 다를 뿐이다. 사실 현대 도시 사회에서 모든 사람이 건강에 문제가 있다는 관점에서 보면 모두 환자라 여겨도 과언이 아닐 것이다. 이렇게 보면 일반 정상 가족구성원과 환자를 구분할 필요가 없으나 여기서는 관례적으로 협의의 환자를 지칭하여 본 고를 풀어 나가고자 한다.

결국, 의료주택은 일상적인 건강관리를 하게 하며 가족을 사고로부터 안전하게 보호하고, 환자가 발생하였을 경우 환자를 돌보고 환자의 치유와 안정을 도모하는 것은 물론 환자 가족에게도 스트레스 발생을 최소화하며 가족관계를 깨뜨리지 않고 다른 가족 구성원들의 삶을 최대한 보장해 줄 수 있는 주택이라 할 수 있다. 또한, 과거 병원에서만 받게 되던 진료 서비스가 원격통신기술로 인해 집에서도 진료 받을 수 있게 된 주택이란 의미까지도 포함하는 것이다. 이러한 내용을 간략히 표현하면 〈그림 3〉과 같다.

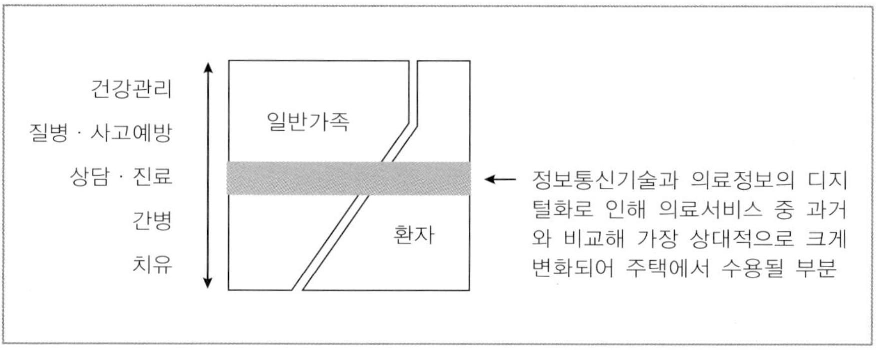

그림 3
의료주택의 기능 ⓒ

이 주택에서는 의료기관과의 의료정보교류가 일반가족 · 환자 · 환자가족 · 간병인 · 방문간호사 · 지역의사 등을 통해 일어날 수 있으며, 무엇보다 디지털 정보기술로 원격 커뮤니케이션이 보다 활성화됨으로서 이러한 원격교류가 빠르게 수용될 것이다. 이의 확산은 필연적 현상이며 단지 얼마나 빠르게 확산될 것이가에 대한 의제가 남겨져 있을 뿐이다. 이동통신 발달로 이동전화가 급속히 우리사회 누구에게나 파급되어온 속도를 인지한다면, 원격상담 진료서비스 또한 대중화 되는 근미래를 예측하는 것은 지극히 쉬운 일이다. 즉, 의료분야와 주거분야가 각각 건강을 주의제로 향해 확대되어 서로 접근하고 있으며, 디지털 정보 기술은 이의 접근속도를 더욱 촉진하고 있다는 것이다 〈그림 4〉.

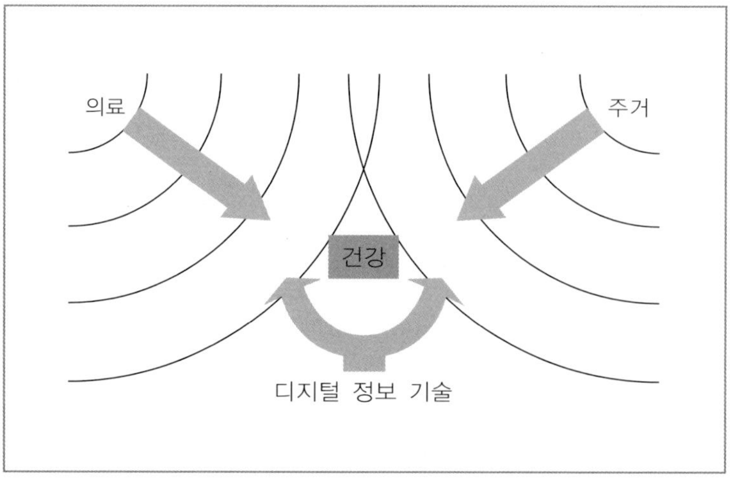

그림 4
의료와 주거의 핵심개념으로서의 건강과 그 연계의 촉매 역할을 하는 디지털 정보기술 ⓒ

이 주택은 환자 및 환자가족이 병원과 직접 연결하여 상담 진료 받을 수 있으며 간병인, 간호사, 지역의사 등을 통해 삼자간 연결하여 상담진료를 받을 수도 있다. 또한, 환자의 치료를 위한 의사, 간호사 등의 방문객뿐 아니라 지역사회 서비스 요원이나 종교적 단체, 친지 등의 방문객 등을, 같이 거주하는 가족들의 생활 스트레스와 부담을 초래하지 않고 또 환자가 동거가족의 눈치를 보는 심리적 스트레스를 경감시켜주며 받을 수 있게 되어 있어, 가족에게 부담주지 않으면서도 환자의 사회적 위로 통로를 지속적으로 열어놓게 할 수 있다. 한편, 환자가 발생하였을 경우 직 · 간접적으로 간병에 연루되어 육체적, 정신적 부담을 느끼게 되는 가족들의 스트레스를 경감시켜 줄 수 있도록 보다 용이하고 안전하게 환자를 돌볼 수 있는 장애없는(Barrier free) 건축적 특성을 지니고 있다.

또한, 이 주택은 환자의 치유를 돕도록 치료 환경이 되기 위해서 지녀야 하는 다음과 같은 기본 조건을 만족시킬 것이다. 첫째 자신에 대한 긍정적인 인식을 고무시키고 둘째 자연, 문화 그리고 사람들과의 관계를 증진시키며, 셋째 프라이버시를 지킬 수 있게 하며, 넷째 신체적 위험과 위협이 되는 요소가 없게 하며, 다섯째 의미있고 다양한 자극을 제공하고, 여섯째 휴식을 취할 수 있는 가능성을 증진시키며, 일곱째 환경과 보다 생산적으로 상호 작용할 수 있는 기회를 제공하고, 여덟째 일관성과 융통성을 동시에 그리고 균형있게 지니게 하며, 아홉째 아름다울 것이다.

이러한 이해 기반 위에 사용되어진 의료주택 디자인의 개념적 틀은 〈그림 5〉와 같다.

의료주택이란 신체적 건강, 정신적 건강, 사회적 건강 모두를 포괄하는 건강성을 도모하는 주택으로서 일반인들의 건강을 유지하고 향상시키는 기능을 지니고 있을 뿐 아니라 장애인이나 환자들 같은 사회적 약자들의 삶을 정상적으로 가능하게 해주고 치유해 주는 기능을 지니고 있는 주택이다.

이러한 건강의 다차원과 디자인의 4가지 전략적 개념은 주택의 제반 특성에 연계되어 있으며, 주택의 디자인 국면을 건축부문, 실내공간부문, 실내요소부문으로 나누어 보았을 때 이들 대부분에 상호 연관되어 있다. 특히, 건축부문과 일부 실내공간부문은 공급주체인 주택건설업체에서 제공하며 일부 실내공간부문과 실내요소는 소비주체인 거주자들이 완성하게 되는 경우가 많아, 건강을 증진시키는 주택의 성공은 공급자측과 소비자측 모두에서 얼마나 의식있게 삶의 세팅을 만들어 나갈 것인가를 생각하는 정도에 따라 달라질 것이다.

모든 국면들이 서로 긴밀히 연계되어 있고 문제를 푸는 방법에 따라 상대적 중요성에 대한 인지를 달리 할 수 있다. 그러나, 의료주택 디자인의 개념을 풀기위해 편의상 우선적으로 고려하였던 주요한 국면들은 다음과 같다. 건축설계는 우선 무장애 건축이 되어야 한다는 점에서 '가능(enabling)'과 그리고, 접근성을 허용함으로써 *사회적 건강*과 긴밀히 연계되어 있고, 실내공간설계는 건강을 *유지*하고 *향상*시키는 전략적 개념과 그리고 정신적 건강과 긴밀히 연계되어 있으며, 요소설계는 *치유*의 기능과 *신체적 건강*이 보다 긴밀히 연계되어 있다. 이러한 상대적 비중이 높은 연계성은 〈그림 5〉에서 진하게 표현된 바와 같다.

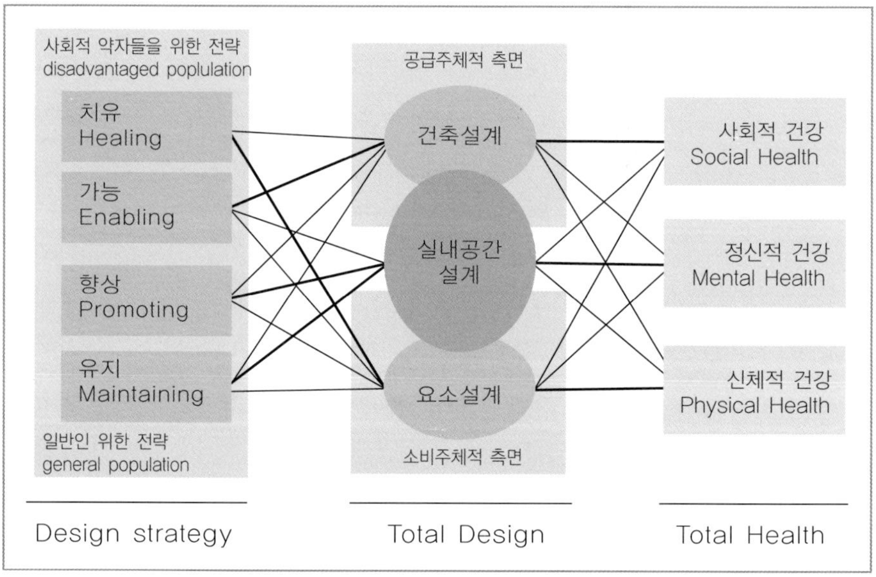

그림 5
의료주택 디자인의 개념적 틀

5. 의료주택의 주요 디자인특성

이 부분의 개발된 내용부분은 앞의 제1장, 3장, 4장에서 소개된 내용과 동일하다. 그러나 하나의 개발에 어떻게 다원적 사고가 가능한지를 보여주고 또 본 장을 독립적으로 읽는 독자들을 위해 중복 서술하였다.

〈그림 5〉를 의료주택 디자인을 위한 개념적 틀로 하여, 실제 250여 디자인 지침 항목이 개발 되었으며 이 지침에 근거하여 최종 평면이 제안되었다(화보참조). 이 주택은 Open Building의 개념을 지닌 SI(Skeleton & Infill) 주택이며, 아래의 평면은 다양한 Infill 중 기혼 자녀세대 가족이 노부모 가족 혹은 비혈연 노인 세대와 같이 살 수 있는 유형을 사례로 보여주고 있다. 의료주택을 개발하기 위해 SI개념으로부터 시작할 수 밖에 없었던 필연적 이유는, 우리 한국의 사회적 주거 규범이 되어버린 아파트의 획일성이 얼핏 편리한 현대적 주택 개념처럼 이상적인 주거형태로 여겨져오던 가운데, 보이지 않는 수많은 사회문제를 일으키거나 이를 완화시켜주는 완충역활을 못해 옴으로서 '현대인의 제반 건강성'을 지켜주지 못했으며, 이는 또한 앞으로의 복합적 기능 사회에 맞는 미래주거를 푸는데는 더욱이 지양해야 하는 치명적인 속성이기 때문에 이 획일성을 탈피하는 가변성이 미래형 주택을 푸는 첫 열쇠가 되기 때문이었다.

이 중 의료주택의 디자인 특성이라 여겨질 수 있는 몇 가지 주요 국면을 뽑아 소개하면 다음과 같다.

1) 영역 구분의 다양한 가능성

- ■ 2개의 독립적 생활이 가능하도록 출입구, 부엌, 화장실이 두 영역에 각각 갖추어져 있다.
- ■ 2개의 영역에서 서로 교류하면서 살 수 있도록 개폐할 수 있는 내부 통로가 있다.
- ■ 교류시 프라이버시 보호를 위해 각 침실군이 공동공간을 가운데 놓고 분리되어 있다.

| 의료건강주택 관점에서의 장점 |

- □ 가족간 부부나 청소년 영역을 특별히 구분하거나, 재택근무를 수용할 수 있고, 삼대 동거인 경우 고부간 생활 스트레스를 경감시켜 *사회적 건강성*을 증진시키며, 노후 노인세대의 임대를 통한 생활비 확보로 심리적 안정성을 줄 수도 있으며 환자 발생시 주택이 치유장소로서 쉽게 대처할 수 있다.
- □ 지역의사, 간호사, 간병인, 가정부, 종교동료, 친척, 친지 등의 방문

을 기존 동거가족의 생활 침해 없이 수용할 수 있다. 이는 부양가족의 육체적 피로와 갈등을 줄이고 *심리적 건강*을 지켜줄 뿐 아니라 보다 건전한 가족관계가 지속되도록 해줄 수 있는 사회적 건강을 지향하는 특성이 될 것이다.

□ 노인, 환자, 장애인들을 가족 및 사회적으로 고립하지 않게 하며 은연중 보호 받게끔까지 하며 본인은 물론 가족친지와 사회에 불필요한 긴장을 완화시킬 수 있다.

2) 외부 문과 창의 배치

■ 남 · 북 발코니에 면해 있는 모든 공간에 문이나 창이 있게 하되 중간방에서도 남향쪽으로 열리도록 되어있어 주택의 모든 공간이 외부에 열려 있다.

■ 안과 밖을 연결하는 동선으로서 남 · 북 발코니의 2개 출입문을 연결하여 생기는 ㅁ자형 통로와 전면 발코니 문2개와 내부 복도를 연결하여 생기는 작은 ㅁ자형 통로가 형성되어 있다.

■ 남측과 북측영역은 30 : 70 비율로 할당하여 중간 가로축을 기준으로 남쪽에는 주로 거하게 되는 생활공간을, 북쪽에는 작업이나 물품과 식품 보관을 위한 공간을 배치하였다.

■ 공동 영역인 경우 북쪽 부엌, 중간 식당, 남쪽 거실 순으로 그 높이가 낮아지게 위계화 되어 있다.

| 의료건강주택으로서의 장점 |

□ 빛, 열환경, 공기환경이 질적으로 높게 유지됨으로서 *생리적/신체적 건강*뿐 아니라 *심리적, 정서적 건강*에도 이롭다.

□ 노인, 장애자, 환자에게 주택내에서도 외부공기를 마시며 움직일 수 있는 최대거리를 제공함으로서 *신체적/생리적 건강*에 이로우며, 일반가족에게도 박스형 밀폐된 주거에서 밖을 나갈 수 있다는 지각된 통제력을 제공하여 심리적 건강에도 도움이 된다.

□ 주로 거의 모든 시간을 주거내에서 보내게 되는 노인과 환자에게 특히 남쪽을 크게 할당하여 적절한 온도감을 유지시켜줌으로서 *생리적 건강*을 지원한다.

□ 와상노인환자, 휠체어 장애인 등도 집안에서 보다 쉽고 자연스럽게 조경을 접할 수 있게 되어 있어 *신체적, 정신적 건강*을 지원한다.

특히, 치매노인에게는 안전한 배회의 동선을 제공하여 신선한 공기를 접할 수 있게 한다.

3) 실내 조경

- 전면, 후면 발코니와 작업위생공간 Y축 띠를 연결하여 H자형으로 조경이 형성되게 하여 집안 전체가 조경존과 연계되어 있다.
- 조경요소로 식물, 동물, 물, 흙, 나무, 돌 등을 활용하여 다양한 질감과 자연성은 물론 공기정화효과, 치유기능이 있는 향 효과, 소음완충효과의 기능을 발휘하게 하였다.
- 모든 통로는 현관에서의 3cm 높이를 제외하고 동일 높이로 하였으며 물이 들어오지 않게 문 주변에는 넓은 트렌치를 설치하였다.
- 공동욕실 전실에는 실내 벽천을 설치하여 음향, 향기, 물 흐름, 조명 등을 조절하게 하여 도시조경요소가 일상 생활화 되게 하였다.

| 의료건강주택으로서의 장점 |

- □ 자연과 자연이 가지는 제반 다양한 자극 요소들을 환자가 일상적으로 접할 수 있어 정서적 안정감과 휴식을 취할 수 있게 하여 *신체적, 정신적 건강*을 지원한다.
- □ 산소를 내고 공해 및 냄새를 제거하고 치유효과가 있는 향을 내는 식물을 이용하여 공기환경을 개선시킴으로서 *생리적 건강*에 도움이 된다.
- □ 발코니자체가 double envelop의 개념으로 외부 소음과 온도를 완충시키는 기능을 하고 특히, 흙과 자연재, 식물 등은 흡음효과가 있어 일상생활의 background stressor 인 소음문제를 완화하는 역할을 하여 *생리적, 정신적 건강*을 지원한다.
- □ 실내 벽천은 공기의 습도를 조절하고 치유향을 발산하고 좋은 음악과 물흐름 소리와 물이 흘러가는 움직임을 통해 일반인의 심신 건강은 물론 환자의 치유효과를 높이는데 기여되게 하여 *신체적, 정신적 건강*을 지원한다.
- □ 노인, 장애자, 환자가 간병인의 도움을 받아 움직이거나 이동보조기구, 휠체어 등을 사용하게 될 때 집안 발코니를 포함한 모든 공간에 접근이 가능하도록 하여 이들을 위축시키지 않고 일상생활과 활동, 운동을 할 수 있는 여건이 되게 하여 *신체적, 정신적, 사회적 건강*을 지원한다.

4) 수납가구-기기 시설

- 수납공간의 양이 기존아파트의 130-200%까지 많고 이들은 벽쪽에 공간의 낭비가 없는 방향으로 설치되어 있을 뿐 아니라 공간간 프라이버시를 강화시켜 줄 수 있도록 위치되게 하였으며, 공간기능에 맞게 각각 충분한 수납이 분산 설치되어 있고 공간기능의 변화에 유연하게 대처되게 되어 있다.
- 집안 여러곳에 디지털 기기가 설치될 수 있게 배려되어 선과 콘센트 등이 충분히, 그리고 적절히 분산되어 있다.
- 그림과 사진 등을 걸 수 있는 벽면과 놓을 수 있는 가구들이 다양하게 마련되어 있으며, 이들이 환자의 위치에서 쾌적하게 보여질 수 있도록 공간적 거리와 필요시 적절한 위치로 이동시킬 수 있는 융통성 있는 가구를 배려하였다.
- 사용자의 상황에 따라 높이가 변할 수 있는 부엌, 욕실, 책상 등이 갖추어 질 수 있게 하였다.
- 내부 천정에는 거의 보이지 않게 강한 레일이 삽입되어 있어 공간을 구획하는 스크린이나 간벽, 디지털 TV나 기구의 이동뿐 아니라 환자 발생시 hoist까지를 걸어 이동시킬 수 있는 적응성(adaptability)을 지니게 하였다.

| 의료건강주택 관점에서의 장점 |

- □ 장애인이나 노인 그리고 환자 발생시 이들의 요구에 적절히 공간이 변형될 수 있게 되어 있고, 그 공간에서 일어나는 제반 활동과 행위를 수용하게 면적이 확보되어 있으며 가구를 이동할 수 있는 융통성이 있어 *심리적 · 사회적 건강*을 지킬 수 있다.
- □ 병이 악화 되어 거동이 불편한 경우 환자의 편의는 물론 간병인의 피로감을 도와주기 위해 천정에 이동식 hoist를 설치하여 사용하게 함으로서 중증환자의 care까지도 수용하게 되어 있어 환자와 간병인의 *신체적, 정신적, 사회적 건강*을 지원한다.
- □ 원격 진료를 위한 제반장치 및 기기설치가 용이하도록 되어 있어 번잡함이 없이 가족과 취향에 따라 장소의 제약을 받지 않고 편리하게 사용할 수 있으며 특히, 환자가 기거하게 되는 장소에 환자의 불편함을 초래하지 않고 융통성 있게 사용되게 함으로서 *신체적, 심리적 건강*이 도움이 되게 한다.
- □ 환자, 노인의 경우 주변 가족, 친구 그리고 각종 추억을 되살리는

그림, 사진, 장식품 등이 많은 점을 배려하여 이들로부터 위로 받고 이들을 즐길 수 있도록 전시를 할 수 있는 충분한 벽과 가구 등이 제공됨으로서 이들의 *정서적 안정감과 정신적 건강*을 유지하게 할 수 있다.

- □ 이동이 불편한 환자의 경우 침대 주변이 거의 우주적 생활공간이 되므로 이 주변에 필요한 모든 물품을 놓고 사용할 수 있도록, 또 위급시 간급연락을 취할 수 있는 벨이나 사용기구를 위한 전기 콘센트 등 및 사용기기 · 기구 등을 병원처럼 보이지 않고 잘 정돈하여 친밀한 분위기를 지속시키도록 해 줌으로서 *정서적 · 지각적* 박탈감이 생기지 않게 한다.
- □ 높이를 이동 조절할 수 있는 침대, 세면대, 부엌 싱크, 책상은 환자, 노인, 장애인이 안전하고 편하게 일상생활을 지속할 수 있도록 재활기능을 높임으로서 *신체적, 정신적, 사회적 건강*을 유지하게 할 수 있다.

2 나오면서

어느 누구에게나 건강에 위협이 있을 가능성이 있다. 그리고 또, 건강에 문제가 있다고 해서 직 · 간접적으로 드러나는 질병의 치료만 생각해서도 안된다. 질병은 유전적으로나 사고로만 생기는 것이 아니라 우리 일상 생활의 보이지 않는 수많은 차원들이 복합적으로 영향을 미치는 것이다. 이 영향력 있는 차원중의 하나가 바로 우리 삶이 이루어지고 있는 생활 세팅 즉, 행태적 장인 주거환경이다. 우리가 사는 집이 *생리적 · 신체적인 건강*을 지켜주지 못하고 더욱이 알게 모르게 위협을 주고 있지 않은지, 우리가 사는 집이 현대 사회의 수많은 자극과 복잡한 스트레스로부터 *심리적 · 정신적 건강*을 지켜주지 못하고 더욱이 드러나게 드러나지 않게 스트레스를 가중시키고 있지 않은지, 우리가 사는 집이 가족간 평온하고 화목하도록 *사회적 건강*을 지켜주지 못하고 더욱이 가족관계를 더욱 어렵고 긴장되게 하고 있지 않은지, 생활의 질을 향상시키고 아파트의 질적 도약을 이루겠다고 국민과 소비자에게 약속하고 있는 주택시장은 진정으로 바람직한 삶을 보장하는 주택의 내적 가치이자 고부가치를 지니게 하는 특성을 발견하고 이를 실현하도록 노력해야 할 것이다.

진정한 미래의 좋은 주택이란 화장술을 통해 겉으로 화려하고 아름답게만 보이는 주택이 아니라, 바로 현대인의 건강을 은연중 *유지*시켜 주며, *증진*시켜 삶의 질을 높여 주고, 사고나 일상생활에서 장애 상황이 일어나지 않게 하여 정상적인 삶을 *가능*하게 해 주며, 심신을 *치유*하는 데에도 기여하는 주택이 될 것이다. 또한, 이제 우리가 받아들이던 받아들이지 않던 디지털 사회의 영향은 피할 수 없으며 이로 인해 원격의료서비스가 우리의 일상생활환경에 보편적으로 보급될 시기가 앞당겨지고 있다. 그러므로, 보다 슬기롭게 이러한 변화를 예측하고 또 받아들여, 삶의 질을 높이는 새로운 개념들이 환경의 창조에 반영되어 주택이 우리의 건강을 지키는 병원의 파트너가 되어야 할 것이다.

노후생활과 복지에 대한 보장을 받을 수 없는 우리 사회에서, 노인복지 정책과 국민건강복지 정책이 국민의 불안감을 경감시키고 안정감을 느끼게 해 주지 못하는 우리 현실에서, 그리고 복지 서비스가 원활하게 보급되기 어렵게 고정되고 소유되어버린 현대 환경에서, 유동적으로 상황에 따라 대처할 수 있는 이 적응력을 지닌 건강주택은 미래 복지 사회를 앞당기는 새로운 사회적 공간 인프라가 될 수 있을 것이다. 이제까지 주택의 대량생산적 공급이 일면 중대한 사회문제를 초래해 왔다면, 이제 이 특성을 제대로 설정된 주택개발방향이 보급되는 방법으로 활용된다면 우리나라는 다른 국가가 가지지 못한 세계적 선진성을 지닐 수 있는 가능성이 있을 것이다.

미네소타의 최근 병원 디자인 사례로서 이 병원이 위치한 지역적 건축특성을 반영하고 대다수의 지역주민들이 스칸디나비아 이주민인 점을 배려하여 스웨덴의 전통적 건축 특성인 겨울형 거실 「윈터가든」을 병원 내에 계획하여 환자와 가족이 병원을 마치 내 집처럼 느끼게 하고 있다. 병원이 의료행위를 하는 권위적인 곳이라는 개념이 집과 같은 친밀한 늘 편하게 다가갈 수 있는 개념으로 전환될 수 있음을 보여주고 있다.

이 미네소타의 병원을 디자인 할 때는 환자의 전인적 치유를 목표로 하여 동양의 풍수 사상을 연구하여 실내 재료와 색채 등의 선택을 모두 환자의 쾌유와 행복을 염두에 두고 하였다. 이는 환자의 총체적 건강을 도모하는 다양한 접근을 하고 있음을 보여주고 있는 사례이다.

응접실 같은 환자대기실, 아트 갤러리 같은 복도, 환자실 바로 옆으로 간호사들의 워크 스테이션이 드러나지 않게 배치되어 있는 환자실 입구 등 종래 병원의 개념이 바뀌어 보다 환자 개개인의 삶의 질을 존중하는 방향으로 바뀌고 있다.

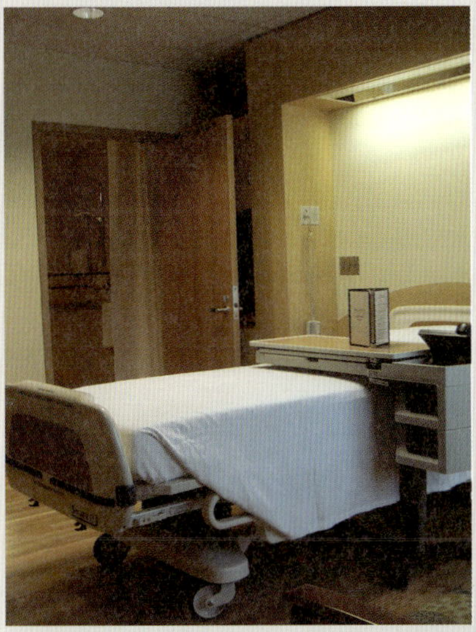

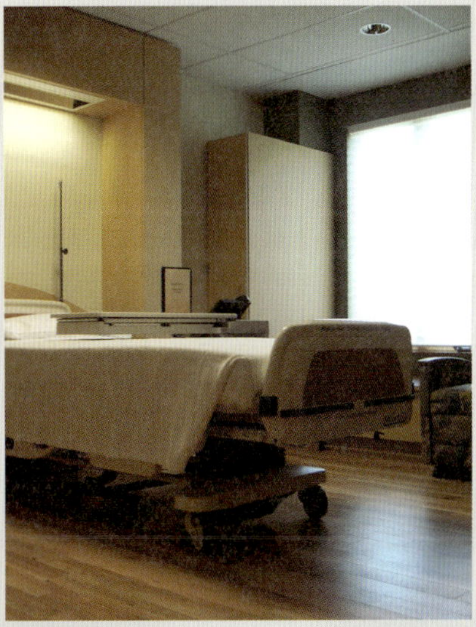

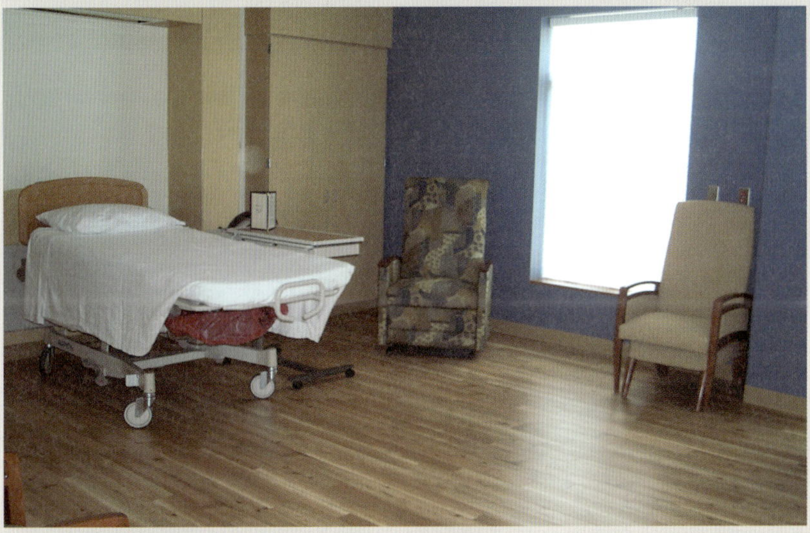

환자와 가족의 건강을 배려하여 친환경재료를 신중하게 선택하고 시설적이미지를 주는 의료기기와 전선 콘센트 등은 보이지 않게 처리하여 보다 평안하고 평범한 환경을 제공하도록 노력하였다. 화장실도 휠체어를 타거나 간병인이 쉽게, 그리고 환자가 자립적으로 사용할 수 있게 무장애디자인을 하였다. 이러한 입원실은 주택의 디자인특성과도 거의 비슷해져 감으로써 어디에서 치료하던 환자에게 집과 같은 편안함을 느끼도록 하고 있다.

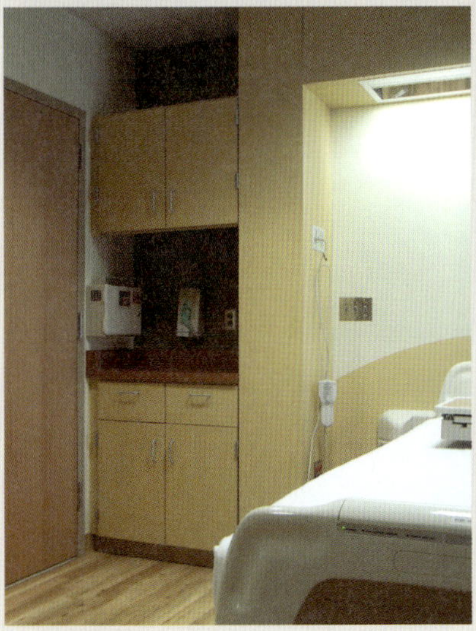

호주의 어린이 병원으로서 그 지역 주민들이 호주원주민과 중국이민자가 많음을 감안하여 각종 원주민 예술과 중국 건축 특성을 반영하여 환자에게 편안하고 친밀감을 느끼도록 배려하였다. 이는 병원이 의료병원만이 아닌 환자의 총체적 건강을 배려하고 있음을 보여준다.

이 어린이 병원에는 밝은 햇빛과 공기, 그리고 아름다움을 또 하나의 치유요법으로 사용하고 있다. 마치 예술품을 보고 있는 갤러리와 같은 느낌을 준다. 병원이 공간과 디자인을 환자의 치유에 적극 활용하고 있는 사례라 할 수 있다. 실제 이 병원이 디자인 될 때에는 지역 예술가 들의 적극적인 참여가 있었으며 병원 측에서도 유례없이 아트 큐레이터를 채용하여 초기단계부터 함께 디자인을 통합적으로 해나갔다.

호주가 가진 지형적 조건과 해안 이미지 등을 아름답게 디자인으로 전환하여 병원이 마치 즐겁고 경쾌하며 아름다운 도시의 거리로 느끼도록 하였다. 휠체어용 램프도 자연스럽게 중앙에 노출시켜 환자들이 소외감을 느끼지 않고 자연스레 병원공간을 이용하도록 배려하였다.

어린이 환자들에게 심리적인 두려움과 치료시의 고통 등을 덜어주도록 어린이가 관심을 가지고 즐거워 할 수 있는 요소들을 적극적으로 활용하여 병원이 보다 편안하고 무섭지 않은 일상적 방문 대상공간이 되도록 하였다.

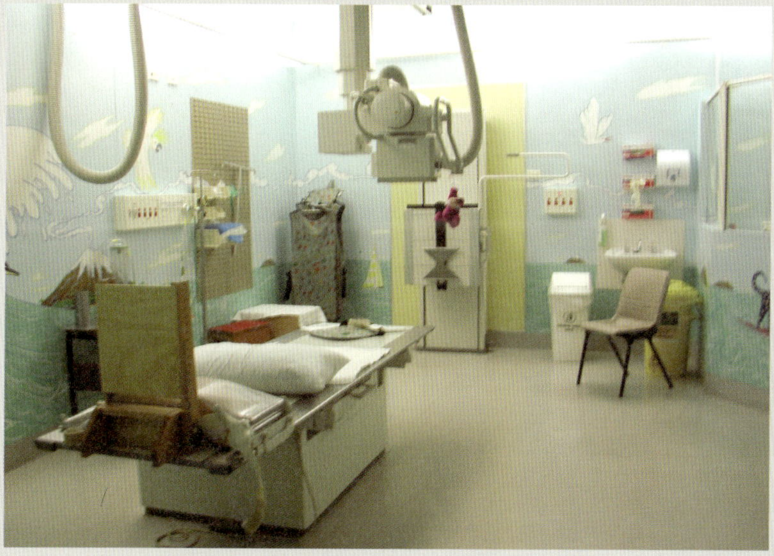

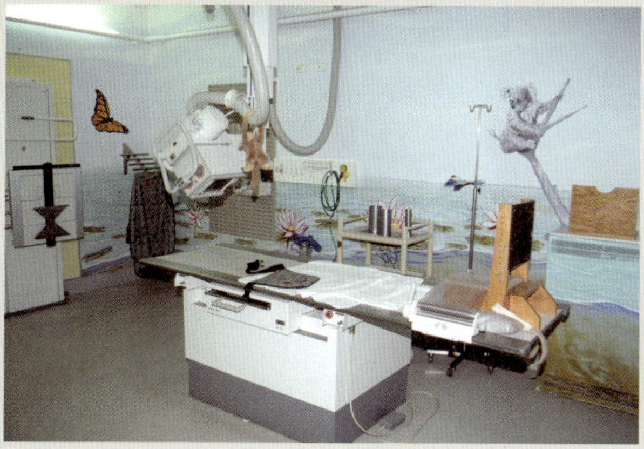

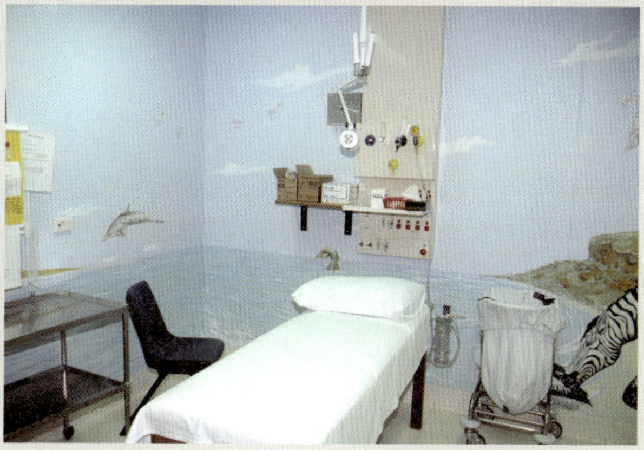

한국의 세브란스 병원은 기존 권위주의적 병원의 모습을 과감히 탈피하여 지역사회에 보다 가깝게 다가가고 휴식적이며 아름다운 전경으로 몸과 마음을 치유하고 친밀하게 느낄 수 있는 병원으로 도약하였다. 지역사회를 관통하는 동선, 아름다운 예술품과 격조 높은 재료, 신선한 바람을 쐴 수 있는 옥상휴식공간 등 이러한 공간자원은 바로 환자를 더욱 존중하고 이들을 치유하는 다각적인 방법을 포용력 있게 모색하는 것을 보여준다.

세브란스 병원의 내부 전경으로 열려있어 길찾기 쉽고, 곳곳에 설치된 예술작품과 대나무 숲은 환자들의 정서를 편안하고 병원을 덜 두려워하게하여 보다 친근하게 느끼게 하는데 효과가 크다. 공간이 구조적으로 개방되어 있어 무엇보다 시원하고 중앙에 정원이 어디서나 보임으로써 답답한 느낌이 들지않고 안전함을 느끼게 한다. 또한 엘리베이터도 개방되어 있어 오르고 내리는 동안에도 중앙의 나무와 예술품을 접하게 하였다.

미국 미네소타 주의 한 노인병원 치매병동으로, 복도가 마을처럼 큰 스케일로 다가오는 노인환자들에게 바깥 화사한 정원을 연상하는 벽지를 사용하였으며 옛날 기억 속의 친근한 환경, 자연환경 등을 치유요법의 수단으로써 적극 활용하고 있다.

치매 병동은 환자의 스트레스를 줄여 주어 각각의 상황에서 평화를 주는 것이 중요하다. 모든 사람에게 익숙한 추억의 집 그리고 그 주변의 전경은 늘 사람의 마음에 평온을 준다.
실제 정원을 실내에 제공 할때에 따르는 위험과 관리 부담을 감안하고 치매 노인들에게 이러한 기억 속의 이미지를 제공해줄 수 있는 안전한 방법으로 그래픽을 이용하였다.

병원이 이렇듯 환자의 전인적 건강을 위해서 점점 변화하고 있듯이, 이전 병원에서의 진료 및 치유 등이 주거환경권으로 이전될 것임에 따라 모든 주택이 전반적인 건강의 예방과 관리 그리고 질병이나 사고가 생겼을시 치유를 위해서 다각적인 배려를 하여 계획될 필요가 있다. 만약 환자가 되어 집에서만 생활한다면, 늘 바깥 전경을 내다볼 수 있고, 부엌에서 신선한 바람, 햇볕, 새소리를 들으며 침대에서 바로 보이며 위생적이고 쉽게 관리할 수 있는 화장실을 구비하는 것은 건강주택의 조건이 된다.

침대에서 밖의 전경을 내다 볼 수 있고 사람이 실수로 넘어져도 부딪히지 않게 아래가 무거워 내려오는 커텐이 있으며, 문턱이 없어 안전하고 부엌에서 밖이나 거실 전체가 보이게 열린 구조는 환자들에게 스트레스를 줄여주고 생활 적응능력을 증진시킨다.

일본 동경대학교의 켄 사카무라 교수가 디자인한 토요타의 「꿈의 주택」, 「유비쿼터스주택」이다. 집에서 원격진단과 서비스를 받는 것은 물론 수면공학에 근거하여 아름다운 소리와 함께 서서히 커텐이 열려 빛을 감성적으로 도입하며 자연전경을 보며 전통적인 목욕을 즐기는 삶은 바로 건강한 삶을 추구하는 미래의 꿈을 설계한 것이다. 최첨단기술과 생활방식이 일본의 전통문화와 잘 통합되어있다.

네덜란드의 미래주택으로 주택 어디에나 유비쿼터스 컴퓨팅 기술이 내재되어있어 원격의료서비스도 다양하게 받을 수 있게 된 것이다. 부엌의 컴퓨터 화면, 냉장고의 재택근무공간의 컴퓨터 등 주택 구석구석에 스며들어 있는 유비쿼터스 기술은 주택을 건강관리의 핵심장소로 변모시킬 것이다. 가족과 친구와 편안한 시간을 보낼 수 있는 식당, 신선하고 따스한 햇볕 사이에서의 목욕 등은 사회적, 생리적, 심리적 건강을 위한 미래의 꿈을 현실화한 하나의 사례이다.

제안된 의료주택 평면도 ©

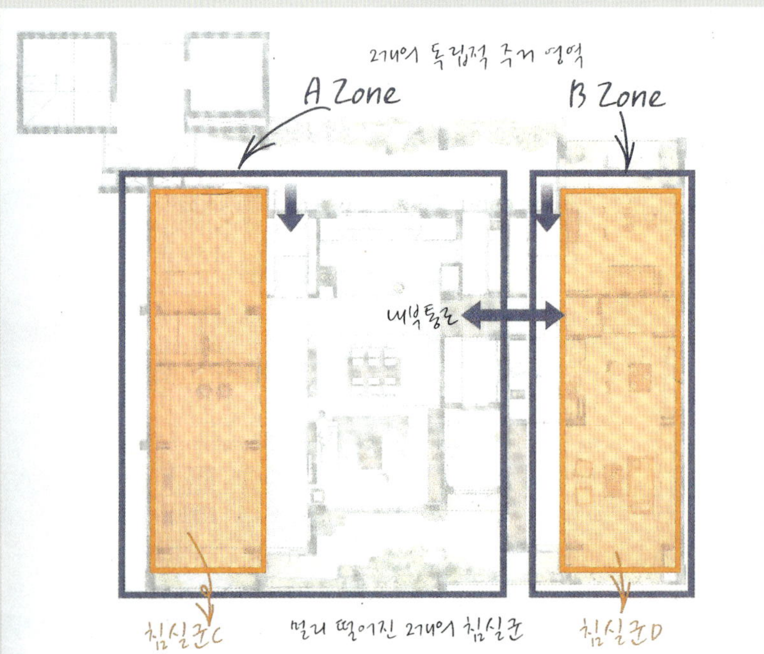

2개의 독립적 주거영역 (A,B), 내부통로, 멀리 떨어진 2개의 침실군 (C,D) ©

공동영역을 중간에 두고 양쪽 침실군이 멀리 배치되어 있다. ⓒ

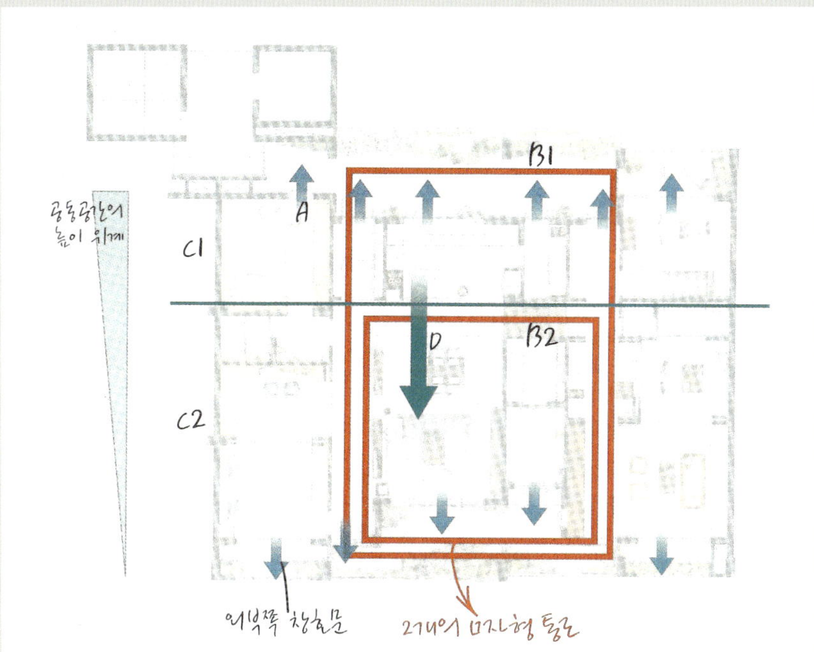

2개의 ㅁ자형 통로, 남북의 비율. 모든 외부쪽 창호문, 공동공간의 높이 위계(A) ⓒ

부엌-식당-거실 순으로 내려오는 높이는 질서있는 시각적 개방감과 남향의 따스함을 깊숙히 전하게 되어 있다.

H자형 실내 조경부분과 내부 벽천(A) ⓒ

일반적 사용시의 실내전경(평면중 B부분)

와상노인이나 환자가 발생했을 때 침실이 치유를 위한 병실기능도 할 수 있도록 제반 수납 시설이 융통성있게 갖추어져 있으며 천정에는 미리 삽입된 레일을 이용하여 필요시 TV, 환자이동용 hoist를 사용할 수도 있게 되어 있다. 옆방은 간병인이 상주 시 임시 거주할 수 있으며 침대와 안락의자 주변으로는 가족사진과 소유장식품 등 환자의 추억에 소중한 물건들을 놓고 즐길 수 있게 되어있다. 침대에 많이 누워 있게 되는 경우 천정에도 휴식적 그림이 있고 발코니를 통해 식물도 지켜볼 수 있다. ⓒ

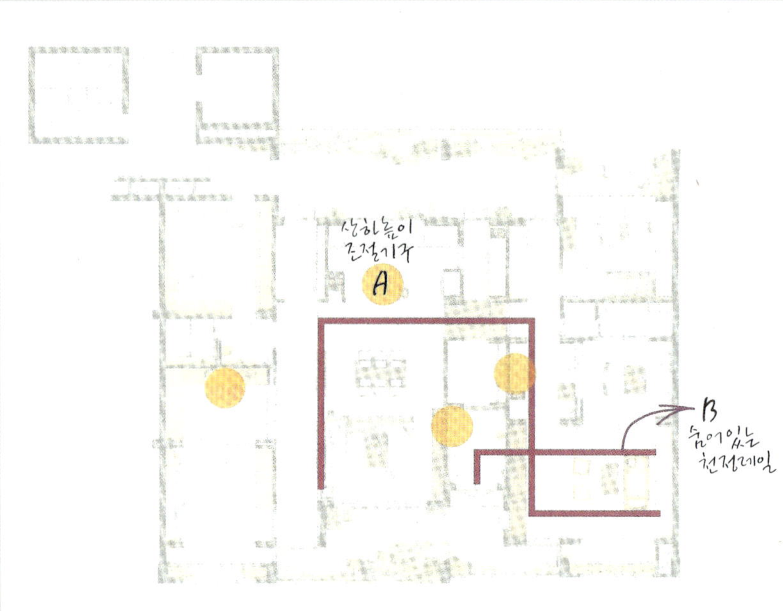

충분한 수납가능면적, 가구배치의 융통성, 숨어있는 천정레일(B부분), 상하높이 조절가구(A부분) ©

다양한 키의 가족, 장애인도 사용이 편한상하높이 조절이 가능한 세면대가 있고, 와상환자도 안전하고 쾌적하게 목욕할 수 있도록 제반 안전성이 고려되고 목욕을 도와줄 수 있는 공간이 충분히 확보되어 있으며, 목욕도 즐길 수 있게 배려된 욕실이다.